技能検定

造園
（造園工事作業）
合格テキスト
1〜3級対応

月岡真人［著］

読者の皆様へ

　庭や緑地の設計・施工・維持管理における技能職の職業能力は、エクステリアの設計から施工（竹垣などの構造物や石を用いた園路など、さらに植物の植付けからその後の管理）まで多岐にわたります。

　技能検定の造園（造園工事作業）のメイン課題は実技試験です。5m² 程度の小さな敷地において、竹垣、石、築山、植栽の作業を行います。

　受検者にとっては、自習する土地や設備がないことや「こうすればよい」という詳細なマニュアルが不十分なことが大きな課題で、これから造園業界で活躍していこうとする多くの方が資格取得に向けて苦労しています。また、すでに職に就かれていても管理や事務仕事がメインで、庭づくりや竹垣、石作業の経験が少ない方も大勢いらっしゃいます。勤務先や講習会などさまざまな環境で学ぶ機会はありますが、指導者がいて初めて理解できることも多く、自力で勉強する有効な手段がほとんどないのが現状です。

　本書は技能検定の造園（造園工事作業）について、実技試験をメインに、作業手順の例を多くの写真で丁寧に解説しています。あわせて、ロープワークなどは紙面に掲載した QR コードから動画で確認することができます。

　技能検定の受検者はもとより、さまざまな方の技能向上に本書がつながれば幸いです。

2024 年 5 月

著者しるす

目　　次

造園工事作業 3 級 編

造園工事作業 2 級 編

造園工事作業 1 級 編

1～3級 共通 技能検定 造園（造園工事作業）
受験ガイダンス

1. 技能検定の概要

　技能検定は、「働く人々の有する技能を一定の基準により検定し、国として証明する国家検定制度」です。技能検定の合格者には合格証書が交付され、合格者は「技能士」と称することができます。

　国（厚生労働省）が定めた実施計画に基づいて、試験問題の作成は中央職業能力開発協会が、試験の実施については各都道府県がそれぞれ行うこととされています。各都道府県の業務のうち、受検申請書の受付、試験実施などの業務は各都道府県の職業能力開発協会が行っています。

2. 試験の申込み

　試験の申込みは各都道府県の職業能力開発協会で受け付けています。詳細は各都道府県の職業能力開発協会のホームページなどで確認してください。1、2級は前期のみの年1回、3級は前期、後期の年2回開催しています。

受験資格

【実務の経験年数】

1級	実務経験のみで受験	7年
	2級合格後に受験	2年
2級	実務経験のみで受験	2年
	3級合格後に受験	0年
3級		・検定職種に関し実務の経験を有する者（経験日数の制限なし） ・検定職種に関する学科に在学する者および検定職種に関する訓練科において職業訓練を受けている者（在学中に受検可能）

※「実務の経験年数」とは受検する職種に関する実務経験のことを指します。
※上記の表のほか検定職種に関する学科、訓練科または免許職種により実務の経験年数が短縮されることがあります。

3. 合格基準

　合格基準は、100点を満点として、原則、実技試験は60点以上、学科試験は65点以上です。

　造園職種の実技試験では、製作等作業試験（庭づくり）の出来がよくても、別日程で開催されることの多い判断等試験（植物の実物鑑定）を未受検だと実技試験を受検していないとみなされ、失格扱いとなるので注意が必要です。

【合格基準】

| 実技（100 点満点） | 製作等作業試験の配点：80 点 | 合格基準　60 点以上 |
| | 判断等試験の配点：20 点※ | |

※判断等試験は足きり 8 点（4 割）とする。

| 学科（100 点満点） | 問題数：50 問 | 合格基準　65 点以上 |

4. 試験に合格したら

資格取得後

　試験に合格すると合格証書・技能士章が交付され、「技能士」と名乗ることができます。さらに以下のメリットがあります。

2 級技能士、3 級技能士になると？

　上級の試験を受検する際に、実務の経験年数が短縮されます。

1 級技能士になると？

- **1 級技能士の現場常駐制度**：各府省庁が行う官庁営繕工事の造園作業現場に 1 級技能士を 1 名以上常駐させ、1 級技能士は自ら施工すると同時に他の技能者に対して作業指導を行うことと定める制度があります。
- **主任技術者**：1 級技能士は建設業法における主任技術者として認められます。
- **技能グランプリの参加資格**：技能グランプリ（1 級技能士が日頃の成果を競う技能競技大会）の参加資格が得られます。
- **職業訓練指導員免許（造園）の取得**：1 級技能士に合格した後、職業訓練指導員講習（48 時間講習）をすべて受講し、確認試験を受けることで、職業訓練校などにおいて指導者として活躍できます。

5. 試験内容

　試験は実技試験と学科試験により実施されます。

実技試験

　製作等作業試験（庭づくり）と判断等試験（植物の実物鑑定）の 2 部構成になっています。

製作等作業試験

　庭づくりの基礎的な技能要素が詰まった課題が出されます。いずれの級も竹垣の製作からはじまります。縁石や敷石、蹲踞（つくばい）、景石（けいせき）などの石材を据え付け、築山で地の模様を表現し、植栽作業でそれらに化粧を施します。造園職種は自然材料を扱う試験であり、自由配置や寸法で図示できない部分が多くあるため、当日に支給された材料の性質をくみ取り、時間内によりよい施工をすることが求められます。

3級製作等作業試験

指定された区画内（1.5m × 2m）で、竹垣製作、縁石・敷石の敷設および植栽作業を行います。

標準時間 2時間（打切り時間：2時間30分）

2級製作等作業試験

指定された区画内（2m × 2.5m）で、四つ目垣製作、縁石・飛石・敷石の敷設、築山および植栽作業を行います。

標準時間 2時間30分（打切り時間：3時間）

1級製作等作業試験

　指定された区画内（2m × 2.5m）で、竹垣製作、蹲踞・飛石・延段（のべだん）の敷設、景石・植栽配置および小透かし剪定作業を行います。

　標準時間　3時間（打切り時間：3時間30分）

◆判断等試験

　樹木の枝を見て、その樹種名を樹種名一覧の中から選び、回答する試験です。

　樹木全体の樹形ではなく、花や実のついていない植物の切り枝だけを観察し、鑑定する能力が問われます。

【判断等試験の概要】

受験する級	試験時間	出題数	出題範囲
1 級	10 分	20 種	161 種
2 級	7 分 30 秒	15 種	115 種
3 級	5 分	10 種	60 種

※一樹種あたりの解答時間 30 秒

学科試験

　1 級および 2 級は全 50 題が出題されます。真偽法（○×問題）25 題と多肢択一法（4 択問題）25 題です。3 級は真偽法（○×問題）30 題が出題されます。

　過去問から多く出題されるため、過去問対策をしっかりやっておけば対応できるでしょう。

【学科試験の概要】

受験する級	試験時間	出題数	回答方法（マークシート）
1 級	1 時間 40 分	50 題	真偽法 25 題 多肢択一法 25 題
2 級	1 時間 40 分	50 題	真偽法 25 題 多肢択一法 25 題
3 級	1 時間	30 題	真偽法 30 題

　試験に関する情報は変更される可能性があります。受検する場合は必ず、厚生労働省や中央職業能力開発協会が公表する最新情報をご確認ください。

1～3級
共通技能編

実技試験の概要

庭の構成

　検定の課題図を見てどのような構成になっているのかを知ることはとても大切です。課題図から庭の構成がイメージできれば、施工する各施設の用途や人の動線・建築物との関係・ゾーニングなどを理解した職人になれます。試験に合格することだけが目的ではなく、取組み次第では本当の意味で庭づくりの技能向上につながります。

　1〜3級それぞれの構成イメージの例を示します。図中、赤い線で囲ったところが課題の区画です。

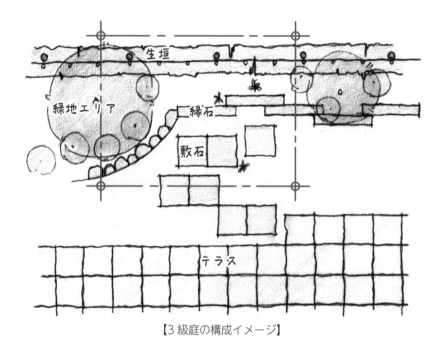

【3級庭の構成イメージ】

　3級の課題には竹垣があります。これは生垣で用いる支柱と同じ仕様なので、この図面では背景を生垣としてみました。縁石を境に緑地エリアとその他のエリアを分け、敷石のテラスから飛石のように緑地エリアへアプローチできる空間をイメージしています。

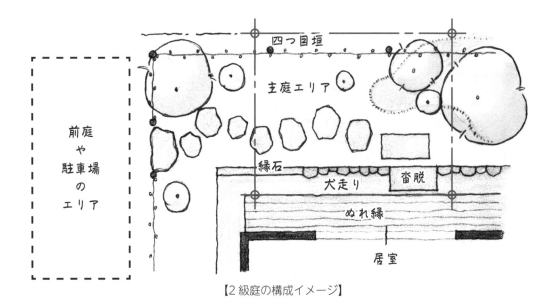

【2級庭の構成イメージ】

　手前に住宅がある想定です。ぬれ縁（縁側）のある居室前の主庭から前庭や駐車場へアプローチできる動線をイメージしています。奥の四つ目垣と手前の縁石で縁取られた犬走り（建物の軒内の外周）の間を横切る飛石の園路の構成としました。

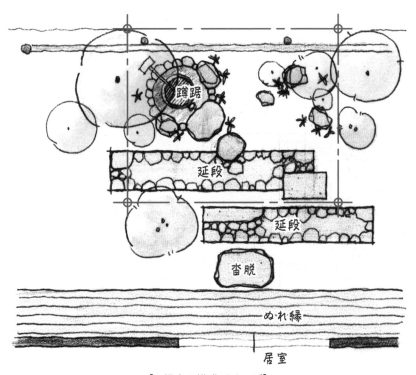

【1級庭の構成イメージ】

　手前に住宅がある想定です。ぬれ縁から主の景色となる蹲踞（つくばい）（露地（茶庭）につくられる身を清めるための施設）へ向かうアプローチを延段（のべだん）中心に構成しました。

1～3級共通技能

1～3級共通の技能要素をまとめました。

基本的な作業ですが同時にとても大事な技能ばかりです。ポイントを押さえ、**速く・きれいに・納まりよく・安全に**、この四拍子を念頭に繰り返し練習してください。

1. 工具の確認

例として、3級造園実技試験（製作等作業試験）の使用工具一覧を次ページに示します。規格・数量・備考をよく確認し、当日持参してください。使用する工具は試験会場での貸し出しはしていません。また、仲間と貸し借りすることもできません。すべて自分で工具を準備しなければなりません。

仕事に就いたばかりの方や、会社に道具が揃っていない方もいらっしゃるかもしれませんが、足りないものはすべて用意し、練習で何度も使用し、手になじませておきましょう。

試験会場内にて工具を広げる際に、工具のチェックがなされます。余計な工具や寸法をマークしたような工具は持ち込めないので注意が必要です。

試験当日は何が起こるかわかりませんから、予備をいくつか持っていくことをおすすめします。予備は数量に関係なく持ち込むことができます。予備工具を隣に広げておいておくことはできません。不測の事態に対応できるよう、工具箱の中に保管しておきましょう。

工具を広げる際に、敷物があるといいです。レジャーシートやござなど、試験会場の大きさに合わせ、折りたためるものがよいです。

【持参工具における注意事項】

品　名	注意事項
巻　尺	作業中に土を巻き込み、使用不能になることがあります。複数用意しましょう。
金づち・このきり	頭がすっぽ抜けることがあります。手入れしておきましょう。
電動ドリル	ドリルが折れることがあります。替えのドリルとキリも持参しましょう。また、バッテリーの予備も持参しましょう。
水　糸	仮子つき糸巻の替えや、仮子の替え、水糸の替えを用意しましょう。
鉛　筆	鉛筆や色鉛筆の替えを用意しましょう。
作業服など	休憩時にクールダウンができるように着替えを用意しましょう。
飲　料	クーラーボックスに入れた冷たい飲料と頭にかぶる水や休憩時に食べる軽食を必ず用意しましょう。

【3級造園実技試験（製作等作業試験）使用工具等一覧表】

1 受検者が持参するもの

品　名	寸法または規格	数　量	備　考
巻　尺		1	
のこぎり		1	
竹ひきのこ		1	
金づち		1	
木ばさみ		必要数	剪定ばさみも可
くぎ抜き		1	
き　り	三つ目きり	必要数	充電式ドリルも可
木づち（このきり）		1	
こうがい板（かき板）	250〜300mm	1	地ならし用
れんがごて		必要数	地ごても可
くぎ袋		1	
手ぼうき		必要数	
箕（み）		1	
水　糸		必要数	仮子つき糸巻も可
水平器		1	
スコップ	剣スコ	必要数	両面スコップ、移植ごて、手ぐわも可
つき棒（きめ棒）		1	
遣方杭（位置出し棒）		必要数	ピンポール相当品
作業服など		一式	
保護帽（ヘルメット）		1	
作業用手袋		1	使用は任意とする。
鉛　筆		必要数	
飲　料		適宜	熱中症対策、水分補給用

2 試験場に準備されているもの

品　名	寸法または規格	数　量	備　考
バケツ（水）		適宜	シュロ縄用

2. 竹垣作業（柱の据付け）

　試験開始とともに最初に取り掛かる作業です。スコップを多く使用するため、体力も必要な作業です。また柱が高さの基準にもなるため、精度も求められます。まずは落ち着いて庭の正面（見付け）を間違わないよう指示どおりの向きで施工しましょう。

2.1 丸太柱の切断

Point ❋ 丸太を真っすぐに切断できるか。

❶ ▶▶▶

丸太の切断の際に材が斜めにならないよう、一方の端の下に丸太、もう一方の端の下に木づちを入れて枕にし、丸太を地面と平行に持ち上げます。つき棒を用いてもよいです。

❷ ▶▶▶

あらかじめ切断位置が示されているのでその範囲で2本とも切断します（ここでは黒線と赤線）。マジックで示されている線と線の間を目見当で切断します。

❸ ▶▶▶

片方の手をのこぎりのガイドにしながら狙いを定めてあまり力を入れずに切り進めます。のこぎりを引くときのみ、力を入れましょう。

動画

❹ ▶▶▶

2本とも写真のように加工します。切断面は汚さないようにしましょう。

よくない例	よい例

目線とのこぎりを引く軸があっていません。これでは、のこぎりが真っすぐ動いているか判断ができず、必ず切断面が曲がります。	のこぎり作業のフォームを固めてください。頭の位置（目線）はのこぎりの直上に持っていき、のこぎりを真っすぐ体の重心へ引くようにして切ります。

2.2 柱の位置出し

Point　柱の地上部の高さ、柱間の距離、庭の正面（見付け）を間違えないこと。

❶ ▶▶▶	❷ ▶▶▶

2本の丸太の天端から地盤面（GL）までの距離を測ります。設計図どおりの寸法で、色鉛筆でマークします。	ピンポールを用いて柱の建つ位置を示します。敷地の角から測り、一度に2か所をマークします。

❸ ▶▶▶

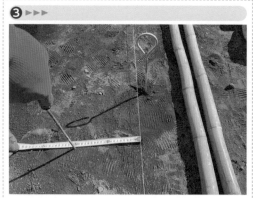

検定会場で指定される庭の正面（見付け）を間違えないよう、落ち着いて位置を出します。柱1本の位置を決めるのにピンポールを2本立てます。

❹ ▶▶▶

柱を2本建てるので、4本のピンポールが立つことになります。これを目印に柱の穴を掘っていきます。

2.3 柱の床掘り

Point ✿ 手戻りがないように、穴は少し大きめ＆深めに床掘りします。

❶ ▶▶▶

ピンポールとピンポールの交点を目見当で想像し、ダブルスコップにて穴掘りをします。

❷ ▶▶▶

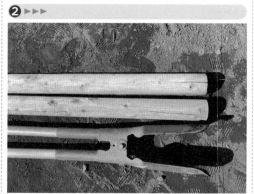

根入れ深さ（土の中に埋まる柱の長さ）を確認し、ダブルスコップのどのあたりまで掘り進めればよいかあらかじめ見当をつけておきます。

❸ ▶▶▶

ダブルスコップで土をよくほぐしてから、一度に
たくさんつかみ上げるようにすると効率がいい
です。

❹ ▶▶▶

土が湿り、スコップにこびりついてしまうとき
は、ねかせた剣スコ（剣先スコップ）にたたきつ
けることで土をはがします。

❺ ▶▶▶

ピンポールでGLを想定し、掘り具合を確認しま
す。慣れてくればピンポールは不要でしょう。柱
の高さ調整のため、少し（3cm程度）ねらいよ
り深めに掘っておきます。

❻ ▶▶▶

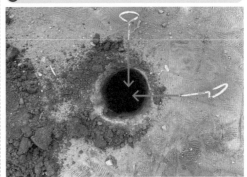

堀穴には丸太と丸太をつき固めるためのつき棒
が入ります。これを考慮して、施工のための余裕
を設けておきましょう。さらにピンポールの位置
に穴があいているか確認しておきます。

2.4 柱の調整

Point ❈ 柱を建てるには次の3ステップで進めると手戻りがありません。

　ステップ1　高さ調整
　ステップ2　位置調整
　ステップ3　傾き調整

ステップ ❶ ▶▶▶ 高さ調整

1 深く掘ったため、位置出し時に柱につけた GL印とピンポールまでに差があります。差を解消するため（この写真ではあと数cm程度）穴底に土を入れ、底を高くしていきます。

2 柱を持ち上げ、足で少しずつ土を戻し入れます。

3 穴底全体が同じ高さになるよう、柱で穴底をまんべんなく平坦につき固め、高さ調整します。

4 柱のGL印とピンポールが一致し、柱が所定の高さにきまりました。

ステップ ❷ ▶▶▶ 位置調整

5 なるべく垂直に柱を持ち、ピンポールを頼りに位置を合わせます。2か所のピンポール越しに位置を見るとよいでしょう。柱の天端を軽く持つと重力で垂直に近づきます。

6 まず、穴底から20cm程度埋め戻し、つき棒でつき固めます。

ステップ❸ ▶▶▶ 傾き調整

7 次に GL 印まで土を戻し入れ、足でよく踏み固めます。このときに垂直かどうか常に意識してください。

8 柱の建て入れ（垂直かどうか）を、離れて目視で確認します。最後につき棒を用いてしっかりつき固め、傾きの微調整を行います。

2.5 留柱や間柱（2本目の柱）の施工方法

Point❖ 留柱や間柱（2本目の柱）は GL 印からではなく、1本目の柱（親柱）の高さを基準に合わせます。

❶ ▶▶▶

一人作業で2本目の柱を自立させるには、ダブルスコップで挟んで立てる方法があります。

❷ ▶▶▶

柱の天端に渡した水糸でテンションをかけながら、剣スコを差し込んでも自立します。

❸ ▶▶▶

留柱の高さを1本目の柱（親柱）に合わせるため、柱の天端に水糸を張ります。

④ ►►► 水平器による合わせ方

つき棒

水平器を使う場合は、水平器の一方を親柱へ押し当て、もう一方をつき棒と一緒に持ちます。こうすることで空中でも水平器の扱いの精度が上がります。

⑤ ►►►

水平器を水糸から 1mm 程度離し、糸に触れないようにして水平を判断します。

⑥ ►►► 目視による合わせ方

周辺の建築物と水糸の差をにらみ、合わせます。この写真では、柱が低い状況だとわかります。

⑦ ►►►

柱を高く調整すると、建築物の屋根と水糸が合い、水平が取れました。

⑧ ►►►

丸太は、芯持材（樹木の中心部を含んだ材）のため、割れが入りやすい材料です。割れが正面に来ると見映えが悪いです。

⑨ ►►►

丸太のクセ（曲、曲がり）などにもよりますが、割れは裏側へ回したほうが見映えがよいです。

3. 竹垣作業（竹の加工など）

　竹材を加工する際は、竹ならではの性質をよく知っておく必要があります。竹材は向ける方向によって見え方が変わります。また、繊維質の強い竹材ならではの加工方法があります。切断箇所や配置方法など決まりごとが多い作業ですのでしっかり覚えておいてください。自然素材ならではの性質を心得て、納まりのよい仕事を心がけましょう。

3.1 | 竹材の特徴

Point 竹は見る角度や切り出す場所で性質が異なることに注意が必要です。

❶ ▶▶▶

| 1 真っすぐな竹 | 2 90°回すとジグザグに | 3 節にある芽のあと |

1 の写真は大きな曲がりはあるものの、「曲がり真っすぐ」で素性がよい竹です（このような向きで使います）。

2 の写真は同じ材料を90°回転させて眺めたものです。節ごとにイナズマのようにジグザグして見えます（このような向きでは使いません）。

3 の写真は節にある芽の拡大写真です。このように芽が見える方向から竹を見ると竹は真っすぐに見えます（ 1 の写真）。また、芽のあとは根元のほうに行くとないです。

　人が見る方向を考慮して、より竹が真っすぐきれいに見えるように用いる必要があります。

　どのように竹を用いるのか、真っすぐに見える方向を必ず意識し、加工してください。

❷ ▶▶▶

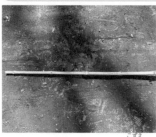  

| 4 竹の末口（ウラ）（梢） | 5 竹の中間部分 | 6 竹の元口 |

竹や丸太は根本と先端で断面サイズや性質が異なるため、それぞれ名称がついています。根本側を元口といい、先端側を末口といいます。この写真は1本の竹を末口〜中間〜元口と3つに分割して撮ったものです。それぞれの特徴を見ていきます。

4 の写真は末口側のもので、単にウラとも呼ばれます。直径が細く強度がないため、一般的に検定試験では使いません。一般の庭では、2本束ねて強度を出し、それを1本の竹のように用いることもありますが、立子の2本使いや細すぎる竹は、試験では使用しないほうが望ましいです。

5 の写真は竹の中間部分で、節間（節と節の間隔）も広く見映えがよくクセの少ない部分です。この部分を主に利用し、竹垣を作ります。

6 の写真は元口側のものです。節間が狭く見映えが悪く、肉厚で加工がしづらく、さらに大きな曲がりが生じていることが多い部分です。使用する際には、元口側の数節を切り捨てるようにしましょう。

❸ ▶▶▶ 元口と末口の見分け方

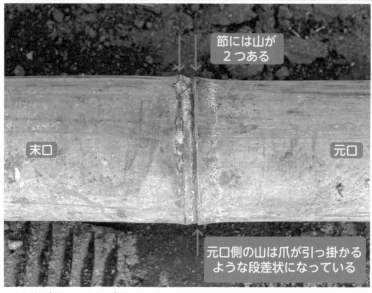

写真向かって右側が元口、左側が末口です。

節に山が2つあります。この2山を末口側から元口側へ爪を立ててなでると元口側の山に爪が引っかかります。

この形状からどちらが末口でどちらが元口かを判断できます。

3.2 | 竹の切断

Point 竹は中心が空隙のため、強度を出すために必ず末口の節で切断します。

❶ ▶▶▶

切り出す材料の末口側は必ず節を含めて切断します。これを**末節止**（末口節止ともいう）といいます。

木づちを枕にすると加工がしやすいです。

のこぎりは竹専用の竹ひきのこぎりを使用します。

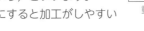

動画

❷ ▶▶▶

このように切り出した材の末口側はすべて節止めにします。元口側は必要な長さで、節に関係なく切断します。節止め部は汚さないようにしましょう。

❸ ▶▶▶

竹は木材以上に繊維質なので、のこぎり作業の終わりに、ささくれてしまうことがあります。

❹ ▶▶▶

ささくれてしまった場合は、よりきれいにするため、のこぎりでそのまま施工せず、木ばさみで切り落とします。

❺ ▶▶▶

末節止め加工の詳細について、節から何 mm という指定はありません。しかし、浅すぎると見映えが悪く、深すぎると水がたくさん溜まってしまいます。写真は左が浅い、中央が手本、右が深い例です。参考にしてください。

3.3 | 竹の取付け（いぼ結び）

Point ❄ 柱と竹の接合部分は、くぎ止めとシュロ縄結束です。竹と竹の接合部分はシュロ縄結束です。シュロ縄結束は速く・きれいに・強固に縛れるように何度も何度も練習し、手に覚えさせましょう。

ステップ ❶ ▶▶▶ 竹のくぎ留め

1 竹を丸太に取り付ける際は、あらかじめドリルで真っすぐに下穴をあけます。

2 斜めに下穴をあける場合、竹は表面がツルツルしているため、ドリルの食いつきが悪いです。まず真っすぐに下穴をあけます。

3 次に一度ドリルを完全に抜き、もう一度角度を決めて再度ドリルで穴あけを行います。こうすることでドリルを折らずにすみます。

4 金づちを使用する際は柱が動かないよう、体で丸太を押さえながら打ちます。

5 斜め打ちのところは金づちで最後まで打ち込みにくい部分です。くぎしめを使用して面まで打ち込みます。コツはくぎしめとくぎに薬指が触れるように保持することです。

6 くぎ打ちに失敗したら、バールをくぎに引っ掛け、バールの頭を金づちで打つときれいに速く抜けます。こうすると、竹も割れません。

ステップ ❷ ▶▶▶ シュロ縄結束

1 柱に結ぶ際のいぼ結び（くい掛け）です。

動画

2 柱に結ぶ際のいぼ結びの裏側です。裏はクロスに絡めず二の字（平行）にします。

3 竹と竹を結ぶ際のいぼ結びの側面です。

動画

4 竹と竹を結ぶ際のいぼ結びの裏側です。裏は綾掛けとし、クロスに絡めます。

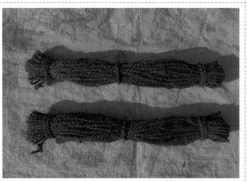

5 試験で支給されるシュロ縄は1本取りの25mです。

← 引出口

6 縄の引出口が束の中に絡んでいることもあるため、あらかじめ見つけておきます。

7 よく水を含ませて使用します。使用する前には水を軽く切ります。

8 水を含んだシュロ縄は土がつきやすいです。汚れないように「み」の上で使用します。2束合わせて引き出すと2本取りになります。

9 小さな束を作るときは、使いたい量をあらかじめ2本取りで引き出し、束を作ります。両手を広げた長さの単位を一広（ひとひろ）といいます。数広を引き出し、その後、束ねます。

10 小束を作ったほうが作業性が向上する場面があります。必ず作れるようにしておきましょう。

動画

✕ よくない例 ✕

束から引き出す際に引出口を持つと束がもつれ、縄が絡んでしまいます。

○ よい例 ○

ここを持つ

必ず引出口から遠いほうを持ちながら縄を引き出してください。

4. 石作業（遣り方）

　遣り方（やりかた）とは、石を敷設する際に基準とする、高さと位置を示す仮設物です。ここでは、縁石・敷石・延段などを据えるためにピンポールと水糸で遣り方を作ります。遣り方が不正確だと高さにばらつきがある縁石や延段になってしまいます。水糸は石作業の生命線ですから、正確にしっかりと張る必要があります。

Point ❖ 平面図から読み取れる位置を把握し、水平に水糸が張れるかどうかが求められます。慣れないと水糸をピンポールにかけるだけでも難しく感じます。スムーズに水糸が張れるよう練習しましょう。

❶ ▶▶▶

図面に従って縁石などを敷設する位置に水糸を張ります。
所定の位置にピンポールを差し、間に水糸を渡して張ります。

動画

❷ ▶▶▶

水糸が水平になるよう、水平器で水平を確認します。同時にちりの高さを50mmなど指定された高さに合わせます。また、水糸にたるみがあると不正確です。ギターの弦のようにある程度のテンション（張力）が必要です。

❸ ▶▶▶

水糸は水平ですが、敷地は土のため、平坦ではありません。
❷で水糸を水平に合わせても、上の写真のように場所場所で高さが異なります。数か所を測り、平均で指定の高さになるように水糸を設置すればよいです。

5. 石作業（敷設方法）

　石作業は時間を短縮できる工程です。高さ調整などで手戻りのないように作業手順をしっかり把握し、できるだけ一度の施工で石を据えましょう。石は大変な重量物です。やり直しは体力的にかなり消耗し、同時にけがにもつながります。自信をもって作業ができるよう練習してください。

5.1 | 石の運搬

Point ❖ 腰などを痛めないよう、腕や腰だけではなく全身を使って持ちます。重量物の運搬では楽に作業する工夫を考えましょう。

❶ ▶▶▶

❷ ▶▶▶

平板を運搬する際は石を歩かせるようにして運搬することで楽に運べます。やむを得ず持ち上げる際には、体を石にできるだけ近づけてしゃがみ、膝を伸ばしながら立ち上がるようにして持ち上げます。腰は曲げないように注意し、膝を曲げて腰を下ろした「膝型」の動作で持ち上げることを意識しましょう。

施工中、石を持ち上げる場面があります。この写真では両腕を両膝に乗せています。これにより腰への負担を低減させています。

5.2 | 石の位置出し（けがき）

Point ❖ 設置する石材のそのままの大きさを地面に記します。寸法で指定されている部分が多いので間違いのないようにしましょう。

3級の課題例

縁石の短冊ものが2本並んでいる、3級の課題です。平面図どおりに仮置きし、剣スコで石材の周りを縁取るよう地面をけがき、跡をつけます。

一度、縁石を外します。このように地面にけがきの跡が残ります。

2級の課題例

縁石と敷石が併用されている2級の課題です。

飛石も例外なくこのようにけがきます。

Point ❖ 敷石や飛石を外す際は、重たいのでパタンと裏返して近くにねかし置いてもよいです。

5.3 | 石の床掘り

Point ❖ 前項のけがき作業で跡をつけた線より広く掘ることで作業スペースが生まれ、作業がしやすくなります。もっとも、石材と同じ大きさで床掘りしても石材は入りません。また、掘る深さについても目安をつけておくといいでしょう。浅く掘ってしまうと二度手間になるため、必ず正味の深さプラスα掘ります。

❶ ▶▶▶

短冊の縁石（厚さ10cm）を仮置きした状態です。水糸が仕上がり高さのため、水糸より上部に出ている厚み分＋αを目安に床掘りすることとなります。

❷ ▶▶▶

敷石（厚さ6cm）を仮置きした状態です。材料によって厚みが異なるため、掘る深さも当然変化してきます。これを見越して掘りましょう。

❸ ▶▶▶

けがいた敷石の大きさより2〜3cm広く掘ります。水糸が邪魔になるので、足でのけます。剣スコで水糸を切らないように気をつけます。

❹ ▶▶▶

まずは外周を掘り、大まかに掘る範囲を決めます。

❺ ▶▶▶

掘る深さを意識しながら、中心部を掘り進めます。

❻ ▶▶▶

もう一度、外周をなるべく垂直になるように掘ります。

❼ ▶▶▶

2〜3cm広めにかつ直角に掘るようにします。

❽ ▶▶▶

発生土は敷地内の築山（1・2級の課題）を作るところや、地盤が低い箇所に持っていくとよいでしょう。計画的に処理します。

❾ ▶▶▶

縁石も同様に掘ります。水糸を切らないようにしながら隅角部をしっかり掘ります。

❿ ▶▶▶

水糸が2本あり、掘りづらい箇所です。ピンポールを敷地の外にさし、隅角部も含め2cm程度余計に掘ります。

⓫ ▶▶▶

自然石の縁石も同様に作業の余幅を考慮して床掘りします。自然石は大きさがさまざまなので、スコップの刃ひと幅分程度で床掘りします。

5.4 石の敷設

　敷石や飛石など平たい石の施工方法です。

Point 石は重いため、一度に高さ・位置・水平を決める必要があります。手順よく進めれば時間短縮のできる作業です。高さの合わせ方は「下げ合わせ」と「上げ合わせ」があります。

❶ ▶▶▶ 下げ合わせ

1 床掘りをするのと同時に、掘りながら穴が中高（山状）になるように土を盛ります。この土の量は敷石を上部から乗せたときに沈むことを見込んだ量とします。

2 上から見た状況です。置く敷石の大きさをイメージし、盛土の頂点がなるべく敷石の真裏に来るようにします。土は「ふっくら」と盛ってください。この盛土が高さ調整のカギになります。

3 可能であればこのように持ち上げて「そっと」盛土の上に置きます。重量物ですから持ち上げなくても結構です。横からパタンと倒してもいいです。ただし「そっと」盛土の上に置きましょう。

4 敷石を置いたら、まず目見当で水平にします。次に水糸に寄せてから、高さの確認をしてください。敷石を乱暴に置いてしまうと「ふっくら」とした土が締まってしまい、高さの調整幅が少なくなります。

5 位置を合わせます。

6 次に、高さを合わせます。盛土をつぶすように石を「ぐりぐり」と押し下げ、水糸に合わせます。長手は水糸を頼りに、短手は水平器で、水平に合わせます。

7 敷石の角が水糸に合うように調整します。
※盛土が多すぎて水糸まで敷石が下がらないことがあります。その際はもう一度、盛土から施工してください。逆に若干低くなってしまった場合はp.28の❷のようにバールでつきながら次の上げ合わせの手法で敷石を浮かすように施工しましょう。

8 真上から見た状況です。水糸と敷石との間は1〜2mmあけます。水糸は何にも触れないように保ちます。途中で石に触れると真っすぐの糸が曲がってしまいます。

9 堀穴と石の関係は写真のようになります。このくらいの空きがないと施工性が悪くなります。掘る際の参考にしてください。

❷ ▶▶▶ 上げ合わせ

1 縁石の床掘り状況です。縁石も敷石と同じ施工方法で問題ありませんが、比較的、片手で容易に持ち上げられる重さのため、床を1cm程度深く掘っておいて持ち上げながら高さを合わすことができます。

2 床掘りし、縁石を入れた結果、1cm程度深い状況となりました。

3 片手で縁石を持ち上げながら、もう一方の手で縁石の下に土をつき込んでいきます。これで高さを調整します。道具は移植ごての柄やバールを用います。

4 水平を確認します。

5 真上から見た状況です。水糸と敷石との間は1〜2mmあけます。水糸は何にも触れないようにします。

6 自然石の縁石も、高さは上げ合わせで合わせます。

7 自然石は、①天端（Ａ面）と側面（Ｂ面）が比較的に平らで、②Ａ面のほうがＢ面よりも面積が広く、③Ａ・Ｂ面が比較的に90°に近い角を探して水糸に合わせます。
この3点をなるべく早く判断できるよう、何度も練習してください。

5.5 | つき固めと整地

Point ※ 石の園路は歩く用途のものですから、強固に固定する必要があります。敷石や飛石のような板状のものは、四隅を重点的につき固めることで効率よく締め固められます。

❶ ▶▶▶

敷石の位置・高さ・水平が決まったら、つき固めます。敷石の四隅を中心に土を戻し入れます。剣スコを用いて、一度にたくさんの土を戻すようにしましょう。

❷ ▶▶▶

バールを使って、四隅を中心に強くつき固めてください。空いている手で敷石を押さえるとつき固めによるズレが抑えられます。

❸ ▶▶▶

縁石についても四隅を中心につき固め、その他の箇所もしっかりとつき固めます。ここでは移植ごての柄を用いてつき固めています。

❹ ▶▶▶

四辺もつき固め終わったら、さらに土を寄せ、地下足袋で踏み固めます。

❺ ▶▶▶

縁石も同様に土を寄せ、地下足袋で踏み固めます。石のキワの地盤が周囲と同じ高さ、もしくは若干高いくらいがちょうどいいです。足を上手に使えると施工スピードが向上します。

❻ ▶▶▶

縁石（自然石）も同様です。このときに石のキワ以外の平らな部分にこぼれた土は踏まないように注意しましょう。踏むと地盤がそこだけ高くなり、後で整地が大変になります。

❼ ▶▶▶

こうがい板で石のちりを確認しながら整地します。場合によっては踏み固め、少し高くなった石の際の土を削りながら荒く整地します。

❽ ▶▶▶

この際も余計な土は踏まずに築山や整地用に一か所にまとめておきます。

5.6 | 石の微調整

Point❖ 一度の施工でうまく納まらないことも生じます。力を使わず楽に調整してください。

❶ ▶▶▶

飛石を水平移動させたい場合、バールを飛石のキワに差し込み、寄せることで楽に微調整ができます。

❷ ▶▶▶

蹲踞の役石などの重量級の石材も水平移動したい場合は、剣スコを役石のキワに差し込み、寄せることで比較的楽に微調整ができます。

6. 築山作業・植栽作業

　石作業で生じた発生土を均し、さらに築山を作ります。3級は平庭なので、築山はありませんが、1・2級は築山があります（1級は自由配置なので個人の創作性にまかせられます）。手順としては、整地しながら全体の発生土の量を把握し、築山を作ります。その後、植栽作業→整地→清掃という流れになります。最後の整地と清掃は全体の見映えに大きく影響するところです。ここに時間をかけられるよう時間配分を計画しましょう。

6.1 築山作業

Point ※ 1級は自由配置スペースが、2級は築山の範囲がそれぞれ決まっています。この範囲から出ないよう、また安定した景になるように築山を計画してください。

❶ ▶▶▶

築山を作る位置に土を寄せ、山状にしておきます。これは石作業の際に、築山を作ることを意識してあらかじめ寄せておいたものです。

❷ ▶▶▶

指定された範囲に築山を作ります。基本的に作業で発生した土は敷地内ですべて処理しなければなりません。

❸ ▶▶▶

土量の多募（たか）は石作業時の石高の設定に大きく左右されます。地盤に対し低めに石を設定してしまうと発生土が多くなり、敷地内での処理に苦労することになります。石作業をするときから整地や築山のことを意識した施工ができるとベストです。

❹ ▶▶▶

現状の土はルーズな状態です。発生土の上にのるようにして踏み固めます。この作業をすることにより、築山の全容がはっきりし、高さなどのボリュームを知ることができます。

❺ ▶▶▶

築山の形（地模様）を描きます。平らなところは「里」や「海」を表現する部分のため、より平らに、築山は「山」や「陸」の景を表現しています。こうがい板などを使い、平地と築山との境を明瞭に表現します。この作業は❹と同時に行います。

❻ ▶▶▶

この段階では荒く形ができ上がっていればよいです。形状はシンプルなものがよいですが、より自然に見せる工夫が必要です。正円や頂点が真ん中に位置する山などはあまり望ましくありません。

❼ ▶▶▶

別の事例です。築山は「岬」や「入江」を表現してもよいです。しかし、決して大きくないスペースなので、シンプルな形となるようデザインしてください。

6.2 植栽作業

Point ❖ 植物の配置、植物の正面・傾きなどを意識して植えること、深植え・浅植えにならないようにすることが大切です。

❶ ▶▶▶

植物を仮置きします。写真は2級の仮置きの例です。作業順序は中木→低木→下草です。ここでは大きい木（主木）が中木のサザンカで、低木はサツキツツジ、下草はヤブランです。1本ずつその場で植え付けず、必ず配植のバランスを見てから植え付けるようにしてください。

❷ ▶▶▶

3級の仮置きの例です。低木のサツキツツジと下草のヤブランを仮置きし、向きやバランスを見ます。

❸ ▶▶▶

1級も同じようにそれぞれ仮置きし、配置を計画します。

❹ ▶▶▶

次に植栽の向き、見映えのよい向きを**見付け**（庭の正面）に向けます。これはサツキツツジの裏側です。生産地で北側や影側に向いていた面です。

❺ ▶▶▶

❹と同じ個体を180°回転させたものです。下枝もあり多くの葉が見る側を向いています。こちらを正面に向けて植え付けるようにします。この他、中木の場合も枝葉の多いほうを表にするとよいでしょう。

❻ ▶▶▶

次に配植です。平面図に指定があればそのとおりに植え付けます。配植については、生垣は別として、一直線に並ぶことは自然界ではまずありません。より自然に見えるように配置する技術が求められます。この写真は手前のサツキツツジとサザンカが敷地や竹垣と平行に並んでしまっています。これでは少し不自然な感覚を覚えます。

❼ ▶▶▶

手前のサツキツツジを見付け方向に向かってずらしました。❻に比べ、このほうが自然風で、よりバランスよく見えます。

❽ ▶▶▶

植物の位置が決まったら、植穴を掘ります。このときに築山作業で締め固めた築山の高さと根鉢の高さを見て、深植え・浅植えのないように掘ります。石作業と同じように穴底を中高に盛土しておくと高さの微調整ができます。

❾ ▶▶▶

せっかく作った築山なので堀穴も限定的に丁寧に掘ります。仕上げに近い工程ですから、場を荒らさないようにします。植物を植穴に入れ、土を寄せ植えます。本来ならば水を与えて水ぎめをするところですが、検定試験では行いません。

⑩ ▶▶▶

低木も植え付け、地盤を整えます。植栽作業の発生土は全体に均すか、築山に含めてください。

⑪ ▶▶▶

次に下草を植えます。下草の葉が飛石など歩く園路などにかぶらないように注意して、平面図で指示された位置にならって配置します。

⑫ ▶▶▶

検定試験では、作業後に解体することを想定しているため、下草はビニールポットのまま植えることとなります。これは試験に限ってのことです。

⑬ ▶▶▶

植え付ける際にこのビニールの部分を見せたくありません。このようにポットの下部を摘まむようにして根鉢を浮かすと納まりがよいです。

7. 整地と清掃

　最も大切な作業です。出来形（完成した部分）が上手にできていても、整地と清掃ができていなければ合格にはたどり着きません。作業も終盤で、時間も体力もないところですが、なるべく時間をかけて丁寧に行いたい工程です。

Point ✼ 例えば、向かって右から左へ整地と清掃を行うなど、一筆書きのように効率よく作業し、一度仕上がった場所にはもう入らないように、後ずさりしながら進めます。

❶ ▶▶▶

手ぼうきで石にのっている土を掃きます。

❷ ▶▶▶

また、こうがい板も持ち、一方方向に下がるようにして整地と清掃をしていきます。

❸ ▶▶▶

土の上に足跡が残っていますので、手ぼうきで消すように掃きます。

❹ ▶▶▶

足跡をほうき目に変えていきます。また、敷地内だけではなく、敷地外周の 20cm 程度は整地しておくことが望ましいでしょう。

✕　　よくない例　　✕

飛石や敷石のちり周りは、写真のように、土がすりつきやすい部分です。

❺ ▶▶▶

石が際立つように、ちりの高さが所定の高さになるよう、こうがい板で整地します。高いところは削り、低いところは盛ります。

○　　　　よい例　　　　○

このようにちり周りをきれいに整地することで石が際立って見え、庭全体が冴えてきます。

❻ ▶▶▶

施工をしていると石や竹の上に土などのゴミがのってしまうことがあります。しっかり掃除しましょう。

❼ ▶▶▶

整地していると土のコンディションによって土の塊（だま）がよく残ります。

❽ ▶▶▶

だまは処理しなくてはならないので、地下足袋で踏みつけてつぶします。

❾ ▶▶▶

写真のようにつぶして、手ぼうきやこうがい板で整地して足跡も均します。

❿ ▶▶▶

踏んでもつぶれない小石などが出てきた場合は、敷地外によけることはせずに、穴を掘って埋める処理をしてください。

8. 試験前後や休憩時間

8.1 | 試験開始前

Point ❋ 試験会場までネコ（一輪車）などの運搬車を必ず持っていくようにしましょう。

ネコがないと工具を積んだ自動車から作業場所まで手運びで何度も往復しなければなりません。

　試験会場に到着したら、まずすることは工具の運搬作業です。試験開始前の準備の仕方などは、受験会場により千差万別ですが、自動車で道具を持参し、作業現場までは人力で運搬することが予想されます。暑いなかでの作業ですから、少しでも体力を温存しておく必要があります。運搬が楽になるように、一輪車などを用意することをおすすめします。作業開始前に作業着が汗で濡れるのは避けたいところです。

8.2 | 試験終了後

Point ❋ 整地は万全に！

　試験終了後、多くの会場では採点が終わると次に実施する受検者に作業場所を受け渡さなければなりません。体力の限界を迎えているところですが、次の受検者のためにしっかり丁寧に整地をしてあげましょう。

　裏を返せば、自分の受検番号の作業場所についた際に、整地がしっかりなされていないことも多いです。必ず検定員に断ったうえで、試験前に整地作業をさせてもらいましょう。そのためには試験当日はコンディションを万全にして、迷惑にならない範囲で早めに会場入りすることが望ましいです。

8.3 | 休憩時間

Point ❋ 休憩中はしっかり休む！

　試験中、熱中症など安全性の観点から途中で 15 分程度の休憩が入ります。休憩開始の合図があったら、速やかに手を止めて休憩に入りましょう。

　この間に検定員が竹垣の採点に入ることが多いです。したがって、竹垣作業が終わっているのに竹垣の足元の整地がされていなかったり、柱に水糸が張りっぱなしになっていたり、道具

などが散らかっていたりすると大変印象が悪くなります。竹垣など、終えた作業は完成しておきましょう。

休憩時間にトイレや給水、軽食など補給をしっかりするようにしてください。また、汗のかいたシャツなどを着替えられるようにしておくと､休憩明けの作業を気持ちよく開始できます。

さらに、熱中症予防の観点から、塩分をとったり氷のペットボトルを両脇に挟んだり、可能であれば頭を流水で冷やすことなどができれば万全の体調で休憩後の作業に臨めます。

8.4 その他の注意点

Point 作業手順など間違いのないように！

作業手順には決まりがあります。竹垣作業→石作業→植栽作業→清掃の順です。石から作業することのないようにしてください。

また、工具の扱い方にも注意が必要です。刃物を直接、土の上に置かないことや、急ぐからといって工具を投げないことなど、注意してください。

さらに、長いままの竹を振り回して他の受検者にけがをさせたり、迷惑をかけたりしないようにしましょう。

これらの作業態度は、大きなポイントになるでしょう。

造園工事作業

3級編

3級 製作等作業試験

1. 試験問題

3級造園（造園工事作業）
実技試験（製作等作業試験）問題

　次の注意事項および仕様に従って、指定された区画内に、施工図に示す竹垣製作、縁石・敷石敷設および植栽の順に作業を行いなさい。

1　試験時間

　　標準時間　　　2時間
　　打切り時間　　2時間30分

2　注意事項

(1)　支給された材料の品名、寸法、数量などが、「4　支給材料」のとおりであることを確認すること。

(2)　支給された材料に異常がある場合は、申し出ること。

(3)　試験開始後は、原則として、支給材料の再支給をしない。

(4)　使用工具等は、使用工具等一覧表で指定した以外のものは使用しないこと。

(5)　試験中は、工具などの貸し借りを禁止とする。

　　　なお、持参した工具などの予備を使用する場合は、技能検定委員の確認を受けること。

(6)　作業時の服装などは、安全性、かつ、作業に適したものとする。ただし、熱中症のおそれがある場合は、技能検定委員の指示により保護帽（ヘルメット）は、着用しなくてもよい。

　　　なお、作業時の服装などが著しく不適切であり、受検者の安全管理上、重大なけが・事故につながるなど試験を受けさせることが適切でないと技能検定委員が判断した場合、試験を中止（失格）とする場合がある。

(7)　標準時間を超えて作業を行った場合は、超過時間に応じて減点される。

(8)　作業が終了したら、技能検定委員に申し出ること。

(9)　試験中は、試験問題以外の用紙にメモしたものや参考書などを参照することは禁止とする。

(10)　試験中は、携帯電話、スマートフォン、ウェアラブル端末などの使用（電卓機能の使用を含む）を禁止とする。

(11)　工具・材料などの取扱い、作業方法について、そのまま継続するとけがなどを招くおそれがあり危険であると技能検定委員が判断した場合、試験中にその旨を注意することがある。

　　　さらに、当該注意を受けてもなお危険な行為を続けた場合、技能検定委員全員の判

断により試験を中止し、かつ失格とする。ただし、緊急性を伴うと判断された場合は、注意を挟まず即中止（失格）とすることがある。

3　仕　様

(1)　竹垣

　イ　丸太柱の天端は、切り揃えること。

　ロ　胴縁は、元末を交互に使い、末節止めとし、丸太柱にくぎ止めとし、くい掛けは、シュロ縄2本使いとし、しりをいぼの上端から20mmで切り揃えること。

　ハ　立子は、末節止めとすること。

　ニ　立子と胴縁との結束は、次によること。

　　(イ)　立子aの結束は、シュロ縄を2本使いで裏綾掛けいぼ結びとし、しりをいぼの上端から20mmで切り揃えること。

　　(ロ)　立子bの結束は、シュロ縄を2本使いで裏二の字いぼ結びとし、しりをいぼの上端から20mmで切り揃えること。

(2)　縁石および敷石

　イ　縁石および敷石は、平らに敷設すること。

　ロ　縁石および敷石は、施工図に示すように敷設すること。

　ハ　縁石は、5個を使って、施工図のような曲線にすること。

　ニ　掘り出した土は、区画内の整地に使用すること。

(3)　植栽

　低木（1株）と下草（3株）は、施工図のような位置に植えること。

4　支給材料

品　名	寸法または規格	数　量	備　考
丸　太	末口6cm、長さ1.4m	2　本	竹垣用
唐　竹	15～20本じめ（4節上り、回り7～9cm)	2　本	胴縁および立子用
シュロ縄	径3mm、長さ25m（黒）	1　束	
く　ぎ	長さ65mm	5　本	
敷　石	30cm×30cm、厚さ6cm程度	3　個	石材またはコンクリート製
縁　石	径15～20cm程度、厚さ5cm以上	8　個	自然石（予備含む）
	長さ60cm×幅10cm×厚さ10cm程度	2　個	石材またはコンクリート製
低　木	ササキツツジなど H=0.3m、W=0.3m	1　株	
下　草	ヤブラン・オオバジャノヒゲなど	3　株	3芽立ち コンテナ径10.5cm

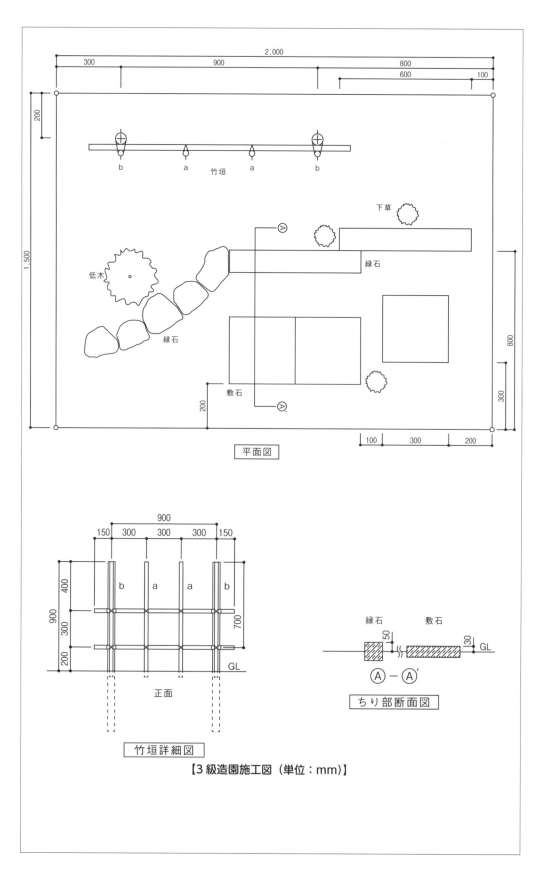

【3級造園施工図（単位：mm）】

3級造園実技試験（製作等作業試験）使用工具等一覧表

1 受検者が持参するもの

※丸数字は p.44 の写真との対応を示す。

品　名	寸法または規格	数　量	備　考
巻　尺❶		1	
のこぎり❷		1	
竹ひきのこ❸		1	
金づち❹		1	
木ばさみ❺		必要数	剪定ばさみ❻も可
くぎ抜き❼		1	
き　り❽	三つ目きり	必要数	充電式ドリル❾も可
木づち（このきり）❿		1	
こうがい板（かき板）⓫	250 〜 300mm	1	地ならし用
れんがごて⓬		必要数	地ごて⓭も可
くぎ袋⓮		1	
手ぼうき⓯		必要数	
箕（み）⓰		1	
水　糸⓱		必要数	仮子つき糸巻⓲も可
水平器⓳		1	
スコップ⓴	剣スコ	必要数	両面スコップ㉑、移植ごて㉒、手ぐわも可
つき棒（きめ棒）㉓		1	
遣方杭（位置出し棒）		必要数	ピンポール㉔相当品
作業服など		一式	
保護帽（ヘルメット）㉕		1	
作業用手袋㉖		1	使用は任意とする。
鉛　筆㉗		必要数	
飲　料㉘		適宜	熱中症対策、水分補給用

(注) 1. 使用工具等は、上記のものに限るが、同一種類のものを予備として持参することは差し支えない。ただし、試験場の状態により、上記以外に持参する工具を指示された場合には、その工具を持参すること。

2. 充電式ドリルを持参する場合は、あらかじめ充電して持参すること。なお、バッテリーの予備の持参も可とする。

3. 持参する工具に計測できるような加工はしないこと。

4. 「飲料」については、受検者が各自で熱中症対策、水分補給用として、持参すること。

2 試験場に準備されているもの

品　名	寸法または規格	数　量	備　考
バケツ（水）		適宜	シュロ縄用

造園工事作業　3級　編

2. 工具と材料

2.1 | 3級の持参工具

Point ❀ 会場についたらまず工具の展開です。工具を広げてもよいか検定委員に断りを入れ、早めに工具を展開しましょう。

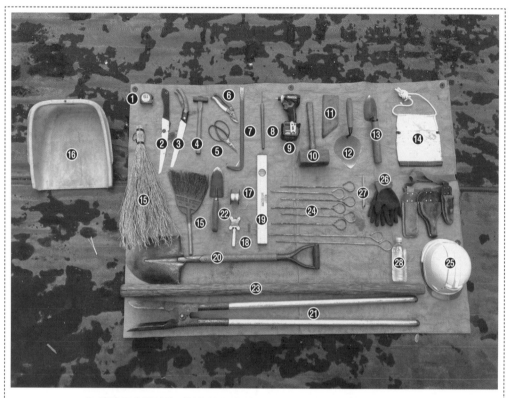

【3級造園実技試験（製作等作業試験）使用工具等一覧表にある工具】

　よく使い慣れたものを用意し、試験前日には不具合がないか、個数（予備含む）を確認しておきましょう。

　また、工具を広げておくと道具が一目で確認でき、工具を探す時間を短縮できます。試験会場によりますが、ここまで広く道具を展開するスペースの確保は難しいでしょう。会場のスペースに応じて対応してください。

⇒詳細は p.4 参照

2.2 │ 3級の支給材料

Point❖ 会場についたら工具の展開と合わせて材料の確認を必ず行います。試験開始後に材料の交換はできません。

【3級支給材料】

【確認事項】
・くぎなどの個数
・丸太が大きく反っていないか、大きな割れが入っていないか
・竹の曲がりがひどくないか、また割れが入っていないか
・シュロ縄の引出口がどこにあるか見つけておく
・自然石の縁石の使い勝手をイメージしておく（どこにどの石を用いるか）
※交換が必要な場合は、試験開始前に検定員に申し出るようにしてください。
※試験開始前に最後の水分補給をしておきましょう。

3. 竹垣作業（柱の据付け）

　試験開始の合図がなったら、「お願いします！」という気持ちで試験に臨みましょう。緊張を
ほぐすために声に出してもいいと思います。

　まず手に取るものは、**丸太2本・木づち・のこぎり**です。

3.1 丸太の切断

Point ❖ 丸太を真っすぐに切断しましょう。

❶ ▶▶▶

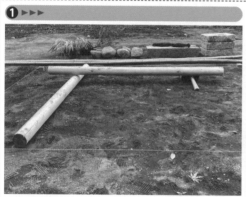

手に取った材料・工具をこのように組みます。一
方の端の下に丸太、もう一方の端の下に木づちを
入れて枕にし、地面から平行に浮かした状態で加
工に入ります。

❷ ▶▶▶

あらかじめマークされている、マジックの線と線
の間を目測で2本とも切断します。

⇒詳細は p.6〜7 参照

❸ ▶▶▶

2本とも切断します。切断した輪切りのゴミは散
らかさず、一定の場所に集めておきましょう。

❹ ▶▶▶

柱の GL までの距離 900mm をマークします。

3.2 丸太柱を建てる位置

　柱の切断を終えたら、ピンポールと巻尺を手に取り、柱の位置出し作業をしましょう。最初
に施工する基準となる左の角の柱を**親柱**と呼びます。

Point ✦ ピンポールを立てる位置と距離を暗記しておきましょう。

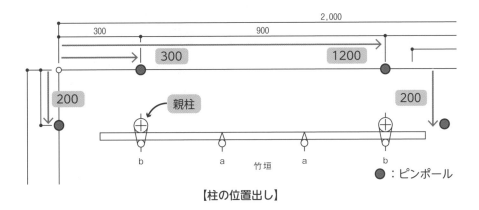

【柱の位置出し】

❶ ▶▶▶

区画の角から1本目の柱（親柱）と2本目の柱の中心となる位置を一気に巻尺で測り、ピンポールを2か所に立てます。1本目は300mm、2本目は1200mmです。立てるピンポールは敷地の内外どこでも構いません。

❷ ▶▶▶

3本目のピンポールを立てます。
敷地境界から 200mm を測り、立てます。

❸ ▶▶▶

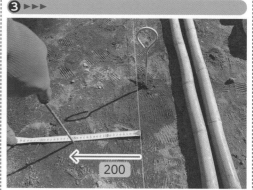

もう一方にも同様に4本目のピンポールを立て
ます。
こちらも敷地境界から 200mm 測り、立てます。

❹ ▶▶▶

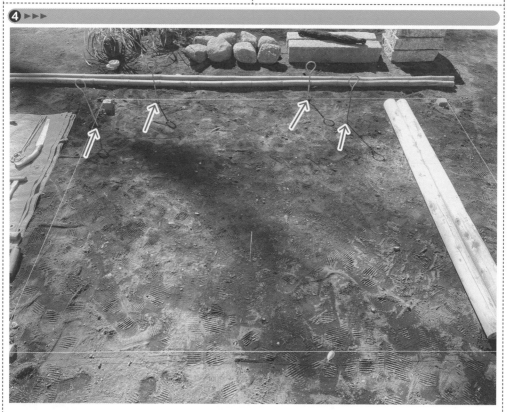

4本のピンポール設置状況です。
この後、ピンポールを目印に柱を建てるため、ピンポールはできるだけ真っすぐ立てると柱位置の
判断がしやすくなります。

3.3 | 丸太柱を建てる穴の床掘り

　正面から見て左側の柱から作業を進めます。この柱を基準（親柱）として竹垣を作っていきます。この柱が高さや位置の基準にもなります。

Point❖ 穴の位置と深さと大きさに注意し、またダブルスコップの上手な使い方をマスターして効率よく掘削ができるよう練習しましょう。

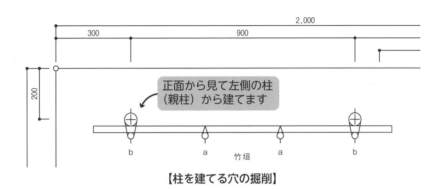

【柱を建てる穴の掘削】

　ピンポールの位置を意識しながら掘り進めます。堀穴サイズは丸太直径6cmに持参の**つき棒**が入る大きさ＋αを意識して穴掘りします。

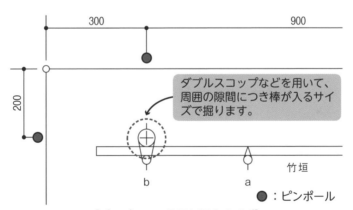

●：ピンポール

【ピンポールの位置と堀穴サイズ】

❶ ▶▶▶

掘る際は、写真のように周囲の隙間につき棒が入るサイズをイメージして掘る大きさを決めます。

❷ ▶▶▶

親柱から作業を進めます。ダブルスコップで効率よく掘削していきます。 ⇒詳細は p.8 〜 9 参照

❸ ▶▶▶

掘り進めます。

3.4 ┃堀穴へ柱を建てる

Point ❀ 高さ→位置→傾きの順に調整しましょう。⇒詳細は p.9 〜 12 参照
掘削した土はなるべく穴の近くにまとめ、絶対に踏まない（地盤が凸凹になる）！

❶ ▶▶▶

埋め戻しの土は足で戻し入れます。スコップやこうがい板でもよいですが、足袋が一番効率よいです。平らな地盤に盛った土を足袋で踏んでしまうとせっかくの平らな地盤に凹凸ができてしまうので、むやみに踏まないよう注意しましょう。

❷ ▶▶▶

丸太の高さ→位置が確認できたら、土を植穴深さの半分程度まで戻し入れ、つき棒で力強くつきます。

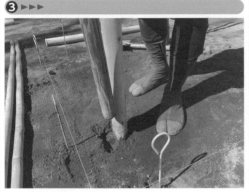
❸ ▶▶▶

丸太の垂直も見ながら、土を地上高さまでつき固めます。

❹ ▶▶▶

2本目の柱も同様の手順で建てます。
ただし、高さは1本目の柱の高さに合わせるため、水糸を張り、高さ調整をしてください。

❺ ▶▶▶

2本の柱を建てたら、柱周辺の地盤も軽く整地します。柱脚の根固め（土のつき固め）をしっかり行えば、締め固められて発生土がほとんど残りません。

予測される採点 Point …… 竹垣編①

技能検定は持ち点が100点あり、ここから減点される方式です。竹垣製作は仕様で寸法が明記されているので、正確に作ることが求められます。指示された寸法どおりの完成を目指してください。少しずれていたからといってやり直す時間はありません。しかし、明らかな間違いはやり直さなければなりません。下記のポイントを参考に精度を上げていきましょう。

① 2本の柱の根元の芯から芯までの距離（900mm）

→ ± 20mm までのズレは許容と考えられる！ 気にせず先に進みましょう。

ただし、垂直に建っていなければ NG です。

② 敷地境界の水糸から柱の心までの距離（200mm と 300mm）

→ ± 20mm までのズレは許容と考えられる！ 気にせず先に進みましょう。

ただし、200mm の距離が2本の柱でそれぞれ異なると、敷地と竹垣が平行ではなくなります。できるだけ敷地と平行に合わせたいところです。

※①、②について、± 30mm のズレがあったとしても時間に余裕がなければ、減点の可能性はありますが、作業を先に進めましょう。

※寸法は多少ずれてもいいですが、垂直・水平などは目につく部分です。これは施主など一般の人が見ても気づくことです。逆に1cm ずれていても一般の人は気がつきません。自然材料を扱う試験ですから、上手に納められていたら図面より数cm ずれることを許容することもあります。

4. 竹垣作業（竹の加工と取付け）

　支給された竹をどのように材料取りするか、計画しておきましょう。これができていると、作業中に手が止まることがありません。考え方や手順をしっかり覚えておきましょう。

　ここで手に取る工具は、**巻尺・木づち・竹ひきのこ**です。

4.1 ｜ 2本の唐竹の加工

Point ❈ まず、胴縁2本から取り掛かります。真っすぐで素性のよい材料を選びます。その後、立子の加工に入りましょう。⇒詳細は p.13 〜 14 参照

　長い竹を振り回すと危険行為で失格となるため、移動せずその場で切ります。

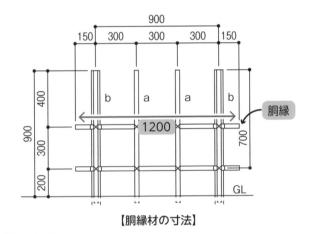

【胴縁材の寸法】

　竹垣詳細図より、胴縁材の寸法と施工場所・本数を確認します。

　1200mm の長さの**胴縁が2本**必要です。

❶ ▶▶▶

唐竹の元口から末口側を見て、竹のクセを判断します。太くてクセの少ない真っすぐな部分で1200mm取れるところを探します。

❷ ▶▶▶

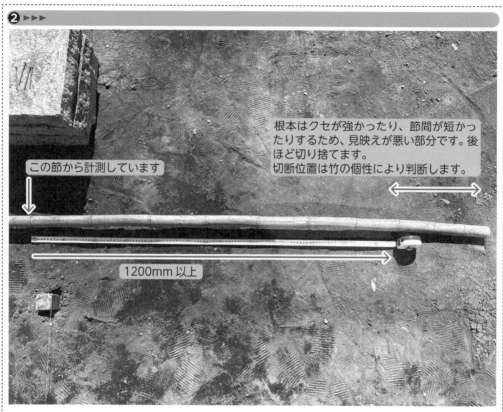

この節から計測しています

根本はクセが強かったり、節間が短かったりするため、見映えが悪い部分です。後ほど切り捨てます。
切断位置は竹の個性により判断します。

1200mm 以上

巻尺を 1200mm に合わせて、支給された唐竹のどの部分で胴縁材を切り出すか検討します。
胴縁材が使用する材料で一番長いため、竹の一番よい部分で材料を取りましょう。

❸ ▶▶▶

末口節止めで切断します。
写真では木づちを枕にして加工しています。木づちを枕にしたほうが作業性はいいです。

❹ ▶▶▶

足にのせて宙に浮かせて加工する方法もあります。慣れてきたら木づちを使用しなくても構いません。木づちを使用しない分、スピードアップが図れます。

❺ ▶▶▶

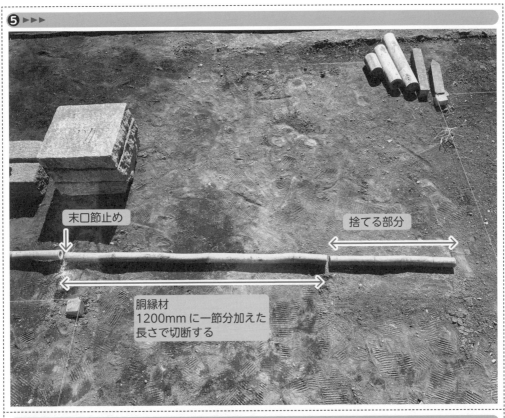

末口節止め

捨てる部分

胴縁材
1200mmに一節分加えた
長さで切断する

❻ ▶▶▶

① ② ③ ④ ⑤

1本目の唐竹を写真のように加工します（加工は一例です）。
① 余り（末口側は細いため、検定試験では使用しません）
② 立子（950〜1000mm）を1本
③④ 胴縁（1200mmに一節分加えた長さ）
⑤ 切り捨てる材料（元口側）

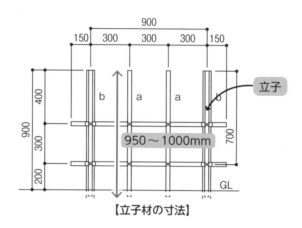

【立子材の寸法】

竹垣詳細図より、立子材の寸法と施工場所・本数を確認します。

950〜1000mmの長さの**立子が4本**必要です。

❼ ▶▶▶

2本目の唐竹から残りの立子（950〜1000mm）を3本加工します（都合4本）。ここまでで胴縁2本と立子4本の切り出しが完了しました。

末口側はすべて節止めで加工してください。⇒詳細はp.15〜16参照

※胴縁と立子のどちらが太いほうがいいということはありません。

※立子の長さ寸法に幅があるのは、土の中に入り隠れる部分に差があるためです。

4.2 胴縁の取付け

　胴縁を柱に取り付ける際に柱の垂直がずれてしまうことがあります。ずれないように施工方法を工夫することと結束をする前に必ずチェックすることが大切です。

　また、このタイミングで柱に胴縁の位置を記します。胴縁の位置が2本の柱に記されますが、最終的には寸法よりも見た目が重要です。目視でよく確認しながら先に進むようにしましょう。

Point❈ 胴縁や柱が水平と垂直になっているかを目視で確認できるよう、目を養いましょう。
最終的には寸法よりも見た目が重要！

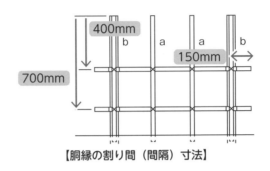

【胴縁の割り間（間隔）寸法】

　竹垣詳細図より、胴縁の割り間（間隔）寸法と柱から出る左右の出の寸法を確認します。

　胴縁の取付け位置は**柱天端から400mm**と**700mm**です。

　胴縁の柱からの左右の出は**柱芯から150mm**です。

❶▶▶▶

2本の柱の天端から400mmの位置に印をします。

❷▶▶▶

印は胴縁が取り付く裏側につけます。

❸ ▶▶▶

同様に 700mm の位置に印をします

❹ ▶▶▶

印

先ほどの 400mm の印と一連の動作でつけるようにします。

❺ ▶▶▶

末口

150

2 本の胴縁へ、柱と交差する部分の位置出しをします。ここが柱に留め付けるためのくぎの位置となります。2 本の唐竹の末口から 150mm 測り、印をします。

❻ ▶▶▶

ドリルを使って唐竹の印部分を貫通させます。この作業は唐竹を地面にねかせて行いましょう。ドリルの直径は 3mm 程度がよいでしょう。

Point ※ 下穴をあけた時点で胴縁の取り付く向きが決まります。人が見る方向を考え、より竹が真っすぐきれいに見えるよう穴あけの向きを考慮しましょう。

❼ ▶▶▶

貫通させた穴にくぎを入れておきます。

❽ ▶▶▶

末口側を先に留めるため、元口側を施工高さに上げておく必要があります。くぎを仮打ちし（手で抜ける程度）、竹の受けを作ります。

❾ ▶▶▶

このように元口側を受けとなるくぎにのせて末口側を留め付ける作業に入ります。

❿ ▶▶▶

上段の胴縁から留め付けます。体や太ももで柱を抱え、くぎ留め作業の衝撃に柱が負け、傾くことのないようにします。

Point ❋ 末口側の竹が打ち終わったタイミングで必ず2本の柱が垂直に建っているかを確認します。

⓫ ▶▶▶

胴縁の元口側は、末口側が留まってから、柱と唐竹の交点をよく見てドリルで下穴をあけます。

Point ❋ この作業のときに柱の垂直がずれているとずれたまま胴縁に穴あけしてしまいます。必ず、元口側の穴あけの前に柱の垂直を確認します。

⑫ ▶▶▶

末口

元口

2本の胴縁が柱に取り付きました。次は胴縁の水平を見ます。末口側は印どおりに打ち付けますが、元口側は柱につけた印を目安にくぎを仮留めします（くぎの先が少し柱に入り、手で抜ける程度）。いったん離れてみて、目視で胴縁が水平かどうかを確認し、よければ、くぎを最後まで打ち込みます。打ちすぎると竹が割れるため、竹に強い負荷がかからないよう留めましょう。

ここでは上段の胴縁の左側（右側でもよい）を末口としました。上段と下段で末元が交互になるようにしてください。

⑬ ▶▶▶

飛び出している元口側を柱芯から外側へ150mmのところで切断します。巻尺で150mmを測定してもよいですが、寸法よりも見た目で揃っていたほうがベターです。一方の胴縁から水平器で切断位置を求めます。

⑭ ▶▶▶

結束（くい掛け）はシュロ縄2本使いとし、縄のしりはいぼの上端から20mmで切り揃えます。

動画

⑮ ▶▶▶

くい掛けの裏側は写真のようになります。

⑯ ▶▶▶

4か所のくい掛け結束が終了しました。

4.3 立子の取付け

　立子と立子の間隔に寸法明記はありませんが、設計上、立子の芯から芯までは300mm間隔となります。柱の間隔にズレがあれば、ずれた分だけ誤差が生じます。等間隔になるよう上手に納めてください。

Point ❖ 4本の立子が垂直で等間隔、かつ同じ高さになるように配置しましょう。

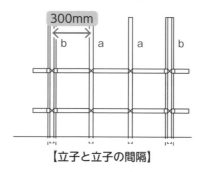

【立子と立子の間隔】

❶ ▶▶▶

立子を4本立てます。サイドの2本は柱の前側に立てます。もう2本は柱と柱の間に等間隔に入れていきます。柱の前に細い竹、間に太めの竹を用います。これらの立子が入るよう、地盤をよくほぐしておきます。

Point ❖ 土がよくほぐれていないと立子が地盤に入っていきません。無理して叩くと立子の頭をつぶしてしまうことがあります。

❷ ▶▶▶

次に立子の位置出しです。
柱芯から300mm内側に測り、印をします。

Point ❖ この印は目安です。ここに、仮に立子を立ててみて全体を眺め、立子が等間隔かどうか微調整をして納めてください。

❸ ▶▶▶

立子は木づちを使って印を目安に叩き入れていきます。このとき、胴縁から立子が離れないようにします。写真のように足袋で位置をガイドするとずれずに作業がしやすいです。両サイドの立子の中心になるように位置をよく見て施工します。

❹ ▶▶▶

柱の頭に水糸を張り、その高さになるように立子を木づちで叩き合わせます。このときに立子の根入れが浅いために倒れてくるようであれば、先に結束してしまってもよいでしょう。

❺ ▶▶▶

動画
裏綾掛けいぼ結び

すべての交差部をシュロ縄結束（裏綾掛けいぼ結び）したら、ほぐした地盤を足で踏み固め、整地をしておきます。

❻ ▶▶▶

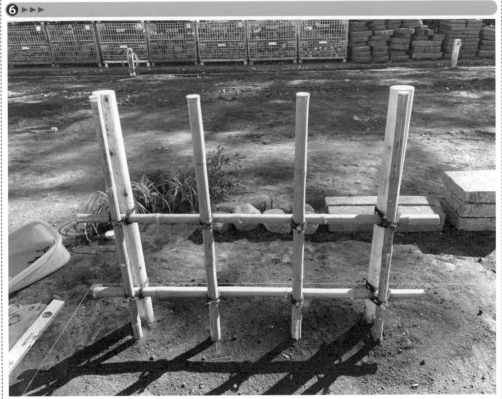

天端に張った水糸を外したら竹垣が完成です。

造園工事作業　3級 編

予測される採点 Point …… 竹垣編②

① 胴縁

・柱の天端から胴縁までの距離（上段：400mm、下段：700mm）

　→± 10mm までのズレは許容と考えられる！

　気にせず先に進みましょう。また、± 15mm のズレがあっても時間に余裕がなければ、減点の可能性はありますが作業を先に進めましょう。

・胴縁が水平になっていること、末元の配置が上下段で交互になっていること。

② 立子

・立子 4 本が垂直で等間隔に立っているか。また、高さが柱と同じ高さに揃っているか。

・（胴縁・立子共通）末節止め加工がされ、さらに唐竹がジグザグに波打たず真っすぐに見える使い勝手にしているか。

③ いぼ結びのしりが（最後の引手でいぼの頭から）20mm

　→± 5mm までのズレは許容と考えられる！

　ただし、結果の場所によりばらつきが出ないようにしましょう。一定の長さで揃えたほうがきれいに見えます。

④ ゴミの処理・整地

　結束のゴミはまとめておきましょう。柱、立子周りも整地します。

5. 石作業

石材の施工に関して、図面を把握して石の位置など寸法を暗記しておきましょう。

5.1 | 縁石の位置出しと遣り方

　竹垣作業を終えたら、次は石作業です。最初に縁石の作業から取り掛かります。ピンポールと巻尺を手に取り、石材の位置出し作業をしましょう。

Point ❖ ピンポールを立てる位置と寸法を暗記しておく。

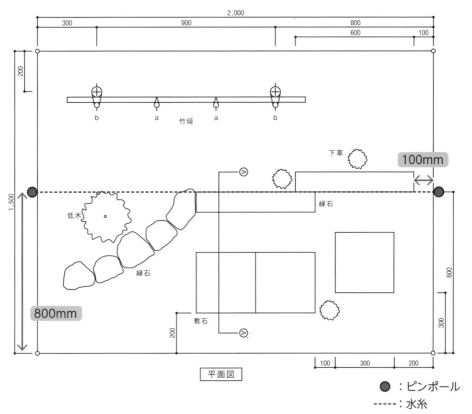

【縁石の位置出し】

❶ ▶▶▶

敷地の手前から 800mm を測り、ピンポールを立てます。水糸はピーンと張るようにします。

⇒詳細は p.19 〜 20 参照

❷ ▶▶▶

2 か所にピンポールを立て、間に水糸を張ります。
水糸の高さは**ちり部断面図**を参照し、設定します。

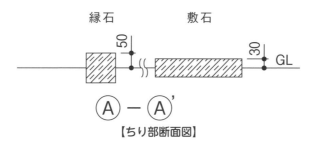

縁石　　　　　敷石

A － A'

【ちり部断面図】

ちりの寸法は縁石が **50mm**、敷石が **30mm** です。

❸ ▶▶▶

縁石のちりは 50mm です。

❹ ▶▶▶

ちりの寸法を確保しつつ水糸を水平に合わせます。　　　　　　　　　⇒詳細は p.20 参照

5.2 縁石（短冊）の床掘りと敷設方法

　水糸で遣り方ができたら、次は床掘り、縁石の据付け作業に入ります。⇒詳細は p.20 〜 29 参照

Point ❄ 床掘りは多少広め・深めに掘り、手戻り（やり直し）のないようにしましょう。

❶ ▶▶▶

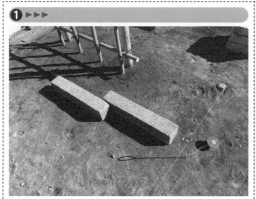

２本の縁石（短冊）を平面図の位置に仮置きします。

❷ ▶▶▶

縁石を敷設する位置を、剣スコを用いて地面にけがきます。

❸ ▶▶▶

地面に縁石の位置をけがいたら、一度縁石をどか
します。

❹ ▶▶▶

けがいた縁石サイズより 2 ～ 3cm 大きく掘り進
めます。掘る深さは、❶で縁石を仮置きしたとき
の縁石の天端から水糸までの距離を参考にして、
それより 1cm ほど深く掘ります。

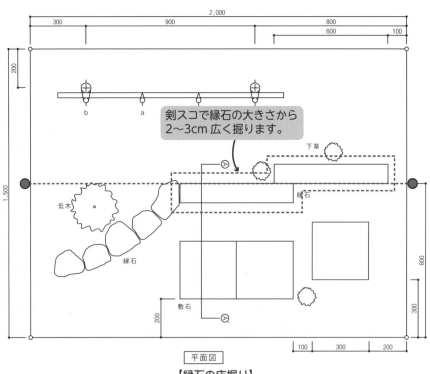

剣スコで縁石の大きさから
2～3cm 広く掘ります。

下草

縁石

低木

縁石

敷石

平面図

【縁石の床掘り】

❺ ▶▶▶

縁石の床掘り状況です。手戻りをしないため、必ず広めに深めに掘ります。

❻ ▶▶▶

堀りの深さは 1cm 程度深めに掘り、縁石を置いたときに若干糸より低くなるようにします (石を上げながら合わせます)。

⇒詳細は p.26 〜 27 参照

❼ ▶▶▶

位置を確認します。敷地の水糸から 100mm です

❽ ▶▶▶

縁石の下へ土をつき込み、縁石が水糸の高さになるようにします。まず、左右の端を重点的につき固めましょう。

❾ ▶▶▶

長手は水糸で、短手は水平器で水平をチェックします。

❿ ▶▶▶

長手もほどほどにつき固めます。

造園工事作業　3級　編

⑪ ▶▶▶

縁石の底がつき終わったら周辺を足袋で締め固めていきます。同時に周辺地盤と合わせるように地盤を均します。

⑫ ▶▶▶

2本目の縁石も同様に敷設します。
重ねは10cmです。

5.3 | 敷石の位置出しと敷設方法

　短冊の縁石が敷設できたら、3枚の敷石の敷設作業に入ります。⇒詳細はp.20〜29参照

Point ❀ すでに施工した縁石を基準に、位置高さを合わせていきます。

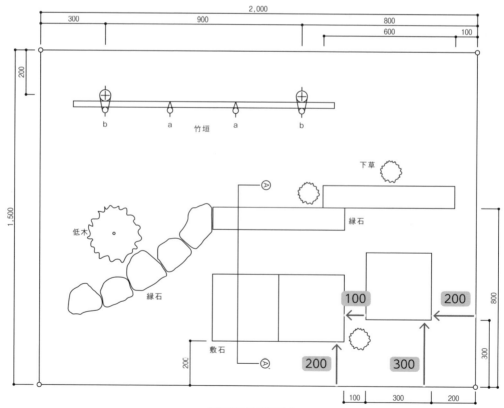

【敷石の位置出し】

❶ ▶▶▶

右手の敷地境界から 200mm を確認します。

❷ ▶▶▶

手前の敷地境界から 300mm を確認し、仮置きします。

❸ ▶▶▶

床掘りし、敷設していきます。高さの管理は先ほど施工した縁石から 20mm 下がりとなるため、水平器を橋渡し、その寸法を確認します。

❹ ▶▶▶

1 枚目の敷石が敷設できたら、隣の 2 枚目の敷石作業に入ります。間隔は 100mm を確認します。

❺ ▶▶▶

手前の敷地境界からの距離は 200mm です。位置が出たら地面にけがき、床掘作業です。

❻ ▶▶▶

床掘りができたら同様に敷設していきます。このように水平器を橋渡し、1 枚目の敷石の高さに 2 枚目の敷石の高さを合わせます。

造園工事作業　3級　編

71

❼ ▶▶▶

続いて3枚目の敷石も敷設します。2枚目の敷石との間で土をかまないように注意してください。3枚ともしっかりバールでつき固めます。

❽ ▶▶▶

敷石の底がつき終わったら周辺を足袋で締め固めていきます。同時に周辺地盤と合わせるように地盤を均します。

5.4 縁石（自然石）の位置出しと敷設方法

　石作業の最後の工程です。敷石や短冊の縁石と違い自然石のため、すべて形と大きさが異なります。石の面を見て向きを上手に決められるよう練習を重ねましょう。⇒詳細は p.27 参照

Point ※ 寸法指定のない曲線的な配置となるため、下図のように思い切ってフリーハンドで曲線を描きましょう。

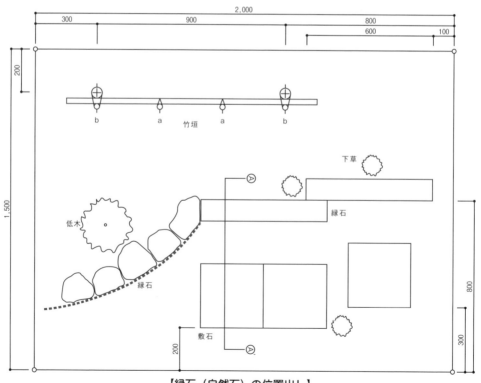

【縁石（自然石）の位置出し】

❶ ▶▶▶

こうがい板などで地面に縁石の位置を出します。敷石との位置関係にも注意して地面にけがきましょう。

❷ ▶▶▶

剣スコで曲線に沿って床掘りします。縁石が小さいため、移植ごてを使用する方法もありますが、剣スコを使用したほうが施工は速いです。

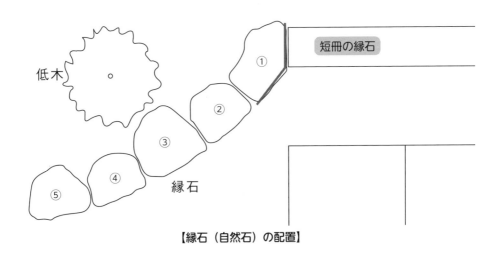

低木

短冊の縁石

① ② ③ ④ ⑤

縁石

【縁石（自然石）の配置】

　配布された8つの縁石の中から5つを選び、長手使いで曲線的に配置していきます。施工する順番は、上図の①→②→③→④→⑤の順番です。①の石は短冊の縁石との馴染みを美しくするため、**くの字**の角度に近い石を選んでおきます。試験開始前の材料をチェックする時間に、ある程度目星をつけておくのもよいでしょう。

　同じ大きさの石が並ばないようにするとより美しく仕上がります。

❸ ▶▶▶

8つの石の中から一番馴染みのいい石を選びましょう。①と⑤の石は縁石の始めと終わりなので、石のサイズは大きめにしたほうが締まって見えます。

❹ ▶▶▶

曲線状の配置で水糸が張りにくいため、5つの石を水平器を用いて施工し、高さを合わせます。

Point ※ 石のサイズは、大小が偏ったり、大→中→小と順に並んで見えたりするような不自然な配置にならないよう、ランダムな配石を心がけましょう。これがより自然に見せるコツです。

❺ ▶▶▶

縁石周辺を荒く整地したら石作業が完成です。

予測される採点 Point …… 石編

① 縁石と敷石の天端が水平か

ぱっと見で水平に見えていれば減点は少ないですが、明らかに水平が出ていない場合は技術不足とみなされ、減点対象となります。

→水平器をのせないとわからない傾きは許容と考えられる！

気にせず先に進みましょう。

※まずは目を養うためにも目視で水平を確認し、水平器は最後の確認程度に使用しましょう。

② 縁石と敷石が平面図どおりの位置に施工できているか

遣り方を正確に立て、敷地境界線と平行に施工できているか、また敷地境界線からの寸法があっているかなどがポイントとなります。気にすべき寸法は平面図にある石の位置を示す寸法（下図の破線で囲った数値）です。

→± 10mm までの位置のズレは許容と考えられる！

気にせず先に進みましょう。

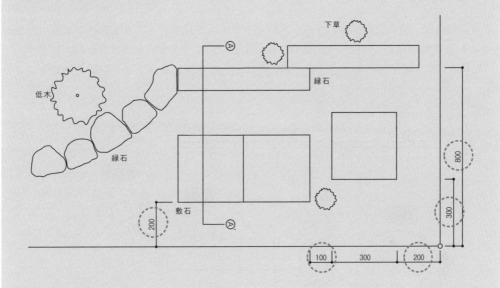

造園工事作業 3級 編

③ 縁石と敷石のちり寸法

ちりの寸法は、縁石が 50mm、敷石が 30mm です。

→± 10mm までの位置のズレは許容と考えられる！

気にせず先に進みましょう。

ただし、石周りの整地は精度高く行い、一定のちり寸法にすることが大切です。

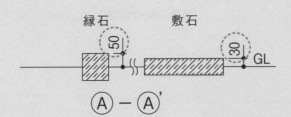

④ 縁石（自然石）のバランス、使い勝手、水平

石の大小が偏っている、大→中→小と順に横並びになっているなど不自然な配置になっていないか。一つひとつの石が相対的に水平に見えるかどうか。また共通作業編の上げ合わせ **7** (p.27) のように、曲線に合わせる石の角が比較的 90° に近い使い勝手ができているか。

選んだ 5 つの石が適切だったかどうかを、余らせた石から判断することもできます。ベストな 5 石を選びましょう。

⑤ 広い視野で

施工に夢中になっていると視野が狭くなり、水平が出ていないことに気づきづらくなります。休憩しがてら、一歩引いて庭の全体を眺め、全体の寸法や水平具合を確認しましょう。

6. 植栽作業

　3 級の場合は、植栽数も少ないため、全体のバランスを見ることよりも図面どおりの配植ができるか、植物の向き、植付け方、整地、掃除がしっかりできているかなどが問われます。

　「低木と下草は施工図のような位置に植えること」と仕様にあります。位置を確認しましょう。

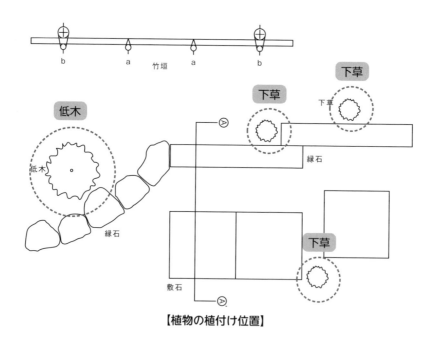

【植物の植付け位置】

すべての植物を仮置きし、図面どおりの位置になっているかを確認します。植栽の向きも考慮し、植物を回転させ、見映えのいい向きを決めます。

剣スコを使って低木を、移植ごてを使って下草を植え付けます。植付けは浅くなったり、深くなったりしないようにします。

敷石は歩くためのものなので、植物の葉っぱがかからないようにします。奥の縁石にはかかっても構いません。

造園工事作業　3級　編

予測される採点 Point …… 植栽編

① 植物の配置

自由配置ではないので、図面に忠実に植物が配植されているかが求められます。

② 植物の向き・傾き

ここでは特にサツキツツジの向きを庭の正面である見付けから見て見映えよく決めましょう。

枝、葉が多く、下枝が地面に近いほうを正面にします。

植物が不自然に傾いていないかも確認します。

⇒詳細は p.32 参照

7. 整地と清掃

　最も大切な作業です。これまでの作業が上手であっても、整地と清掃ができていなければ合格にはたどり着きません。作業も終盤で、時間も体力もないところですが、なるべく時間をかけて丁寧にやりたい作業です。⇒詳細は p.34 〜 36 参照

❶ ▶▶▶

石の上にのった土を掃いたり、足跡を消したりするのにほうきを使い、ちり周りなどの整地はこうがい板を用いて竹垣・石・植物のキワをきれいに整地しましょう。

予測される採点 Point ⋯⋯ 整地・清掃編

① **石の上がきれいか**
　石の上に土がのったままでは仕上がったことになりません。よく掃き掃除をしてください。

② **石の周りがきれいに整地されているか**
　石のキワがきれいに整地できていると、石が際立ち、冴えて見えます。⇒詳細は p.35 〜 36 参照
　竹垣の柱や立子周りや植物の周囲も同様です。平らに整地しましょう。

③ **ゴミの処理・整地**
　竹垣作成時の丸太やシュロ縄のゴミは敷地外にまとめてあるか。
　敷地内だけではなく敷地外に向かって 20cm 程度は整地しておくことが望ましい。

【3級完成例】

【3級完成例（別角度）】

3級 判断等試験

1. 判断等試験の概要

　樹木の枝を見て、その樹種名を判断し、樹種名一覧の中から選ぶ試験です。

　樹木全体の樹形ではなく花や実のついていない植物の切り枝数 10cm を観察し、鑑定して短時間で樹種名を判断する能力が問われます。

【判断等試験の概要】

受験する級	試験時間	出題数	出題範囲
1 級	10 分	20 種	161 種
2 級	7 分 30 秒	15 種	115 種
3 級	5 分	10 種	60 種

※ 1 樹種あたりの解答時間 30 秒

2. 判断等試験の心構え

　本検定を受検する方々は植物相手の仕事に従事している、あるいは、これからそういった仕事に就こうと考えている方々だと思います。植物は一緒に仕事をするパートナーですから、しっかり名前を覚えて、彼らを知っていきましょう。

　植物が好きでも名を覚えることへの苦手意識が高い方は大勢います。遠くからケヤキの立木を見て判断できても、枝 1 本となるとケヤキなのかムクノキなのか見分けがつかないという方も多いでしょう。まずは興味のある植物から、形が美しいと感じる植物から、記憶していきましょう。持ち運びのできる図鑑もたくさん発行されています。試験前は図鑑を傍らに、**通勤通学で出会う植物たちをすべて名指しできるよう**練習を重ねてください。

　判断等試験は学科試験ではなく実技試験に含まれ、配点は 20 点です。製作等作業試験（庭づくり）の配点は 80 点ですが、作業で一つもミスをせず満点を取ることは非常にハードルが高いです。しかし、判断等試験は知っていればミスすることはありません。したがって、ここで**高得点（満点）をねらいましょう**。

　出題される樹種が公開されているため、あらかじめ対策を取ることができます。すでに知っている樹種は、個体差があっても見分けられるようにしておきましょう。まだ同定（名を判断）できない樹種は、図鑑を片手に植物園や公園へ行き、何度も見て目に焼き付けて覚えましょう。

　解答時間は 1 樹種 30 秒です。この時間内にすることは「同定作業→リストから樹種名の番号を探す→答案用紙へ記入」です。樹種名をリストから探し、解答するだけで 10 秒はかかります。したがって、「**知っているのに名前が出てこない」「A 樹種か B 樹種まで絞れているが判別できない**」は**致命的**です。樹木を見たらすぐに樹種を言葉にできるように声に出して練習して

みてください。

　枝葉を見るだけで樹種がわかるかを問う試験のため、葉に触れたり枝を持ったりすることはできません。当然、葉をちぎり、においをかぐこともできません。花や実もついていない枝が出題されるので、受検者は**枝ぶり**、**葉序**（互生・対生）、**葉形**、**芽のつき方**、**毛や照りの有無**、**葉の色や大小**、**鋸歯**（葉の縁のギザギザ）、**葉柄の短長**、**針葉樹の気孔の特徴**などを頼りに**植物を同定**できるようにならなければなりません。

3. 試験当日のポイント

　試験当日、樹木の枝は両隣から見えないよう、衝立で仕切られた囲いの中に用意されています。公開樹種リスト（樹木名一覧）が配布され、手元でリストを見ながら解答用紙に記入します。解答方法は**樹種番号（数字）で解答**することになっています。**樹種名で解答すると誤答**となるので、注意が必要です。

　また、課題の枝の前には 30 秒しかいられません。逆にいえば、30 秒間その場にいなければなりません。30 秒経つとブザーがなり、次の枝の前に移動する仕組みです。樹種がすべてわかればいいのですが、目の前の樹種がわからない場合、**解答欄を空欄のままにしない**ことをおすすめします。空欄にしておくと、次の枝の解答を詰めて記入してしまい、最後の枝の解答をしたときに解答がずれていることに気づくことがあるからです。A 樹種か B 樹種で迷っている場合はどちらかを、まったく見当がつかなくても適当な数字を記入し、解答欄を空欄にしないよう努めてください。

　一目見て、樹種名がわからなければ、考えてもわかりません。わからなかった問題はきれいさっぱり忘れ、次の樹種に専念しましょう。時間に追われる試験なので、途中で解答を消したり訂正したりすることは混乱の原因になります。また、落ち着いて最後に解答を見直す時間は用意されていません。したがって、本当に正味 30 秒のみが勝負の時間になります。

4. 判断等試験の出題例

　枝や葉には、いろいろな特徴があります。自分なりに特徴をつかんでおくとよいでしょう。
　次ページで紹介する特徴はほんの一例です。さまざまな角度から特徴をつかんでおくことが有効です。

判断等試験のポイント

　各級により出題樹種が公表されています。庭木で用いる植物材料中心のリストになっています。全国で行われる試験のため、出題される樹種には地域性があります。関東地域を例にあげると、亜寒帯や亜熱帯の植物が出題される可能性は極めて低いです。
【関東地域で出題されにくい樹種（3 級）】
亜寒帯〜：トドマツ、ナナカマド
亜熱帯〜：アカギ、ガジュマル、フクギ、モクマオウ、モモタマナ、リュウキュウコクタン、
　　　　　リュウキュウマツ

❶ ▶▶▶ ヒサカキ

このような形で樹木の枝が出題されます。

ヒサカキは頂芽の形が特徴的です。

❷ ▶▶▶ ドウダンツツジ

車輪状（車軸状）に枝が展開する（1か所から何本も枝が出る）特徴があります。

❸ ▶▶▶ コナラ

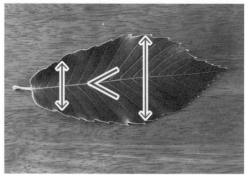

葉形が倒卵形（葉の中央よりも先端に近い側の幅が最も広くなる）という特徴があります。

5. 試験問題

---

3 級造園（造園工事作業）
実技試験（判断等試験）問題

　次の注意事項に従って、提示された 10 種類の樹木の枝葉の部分を見て、それぞれの樹種名を別表「樹種目一覧」の中から選び、その番号を解答用紙の解答欄に記入しなさい。

1　試験時間

5 分

※いずれの樹木も、枝葉の部分 1 本の判定時間は、30 秒です。

2　注意事項

(1)　係員の指示があるまで、この表紙はあけないでください。

(2)　試験問題と解答用紙には、受検番号および氏名を必ず記入してください。

(3)　係員の指示に従って、この試験問題が表紙を含めて、2 ページであることを確認してください。

(4)　各樹木の解答ができあがっても、試験時間の終了の合図があるまでは、その場所に待機するものとし、合図があったら直ちに次に進んでください。

(5)　試験終了後、試験問題と解答用紙は、必ず提出してください。

(6)　ソメイヨシノ、エゾヤマザクラおよびカンヒザクラのいずれかがあった場合、No.23「サクラ類」として解答用紙にその番号を記入してください。

(7)　ワジュロおよびトウジュロのいずれかがあった場合、No.31「シュロ類」として解答用紙にその番号を記入してください。

(8)　アメリカスズカケノキおよびモミジバスズカケノキのいずれかがあった場合、No.47「プラタナス類」として解答用紙にその番号を記入してください。

(9)　レンギョウ、シナレンギョウおよびチョウセンレンギョウのいずれかがあった場合、No.60「レンギョウ類」として解答用紙にその番号を記入してください。

(10)　解答用紙の※印欄には、記入しないでください。

(11)　試験中は、携帯電話、スマートフォン、ウェアラブル端末などの使用（電卓機能の使用を含む）を禁止とします。

(12)　試料には、触れないでください。

受検番号	氏　　　名

別表「樹種名一覧」

ア	1	アオキ	コ	21	コウヤマキ	ナ	41	ナナカマド
	2	アカギ		22	コナラ	ハ	42	ハナミズキ
	3	アカマツ	サ	23	サクラ類 ※1	ヒ	43	ヒノキ
	4	アジサイ		24	サザンカ		44	ヒマラヤスギ
イ	5	イスノキ		25	サツキツツジ	フ	45	フクギ
	6	イチイ		26	サルスベリ		46	フジ
	7	イチョウ		27	サワラ		47	プラタナス類 ※3
	8	イヌツゲ		28	サンゴジュ	ヘ	48	ベニカナメモチ
	9	イヌマキ	シ	29	シダレヤナギ	ム	49	ムクゲ
	10	イロハモミジ		30	シャクナゲ	メ	50	メタセコイア
ウ	11	ウメ		31	シュロ類 ※2	モ	51	モクマオウ
カ	12	カイズカイブキ		32	シラカシ		52	モッコク
	13	ガジュマル		33	ジンチョウゲ		53	モモタマナ
	14	カツラ	ス	34	スギ	ヤ	54	ヤブツバキ
キ	15	キャラボク	セ	35	センリョウ		55	ヤマモモ
	16	キンモクセイ	タ	36	タイサンボク	ユ	56	ユキヤナギ
ク	17	クスノキ	ト	37	ドウダンツツジ	ラ	57	ライラック
	18	クチナシ		38	トチノキ	リ	58	リュウキュウコクタン
	19	クロマツ		39	トドマツ		59	リュウキュウマツ
ケ	20	ケヤキ	ナ	40	ナツツバキ	レ	60	レンギョウ類 ※4

※1 ソメイヨシノ、エゾヤマザクラおよびカンヒザクラのいずれかがあった場合、No.23「サクラ類」として解答用紙にその番号を記入してください。

※2 ワジュロおよびトウジュロのいずれかがあった場合、No.31「シュロ類」として解答用紙にその番号を記入してください。

※3 アメリカスズカケノキおよびモミジバスズカケノキのいずれかがあった場合、No.47「プラタナス類」として解答用紙にその番号を記入してください。

※4 レンギョウ、シナレンギョウおよびチョウセンレンギョウのいずれかがあった場合、No.60「レンギョウ類」として解答用紙にその番号を記入してください。

3級 学科試験

3級学科試験は、真偽法（○×問題）30題が出題されます。

過去問から多く出題される傾向があるため、過去問題をひととおり記憶する程度に対策を行い、対応できるようにしましょう。

【学科試験の概要】

受験する級	試験時間	出題数	回答方法（マークシート）
1級	1時間40分	50題	真偽法25題 多肢択一法25題
2級	1時間40分	50題	真偽法25題 多肢択一法25題
3級	1時間	30題	真偽法30題

3級学科試験問題

番号	問　題
1	縮景は、庭園の外に見える風景をその庭の要素として効果的に取り入れる造園技法である。
2	京都の桂離宮庭園や岡山後楽園は、いずれも池泉回遊式庭園である。
3	フランス式庭園は、平坦地につくられる庭園で、フランス平面幾何学式庭園ともいわれている。
4	飛石のちりとは、地中に埋まっている部分を含めた飛石の厚さのことをいう。
5	延段とは、玉石などで作る階段のことをいう。
6	春日灯籠は、生込み灯籠の一種である。
7	竹を切るのこぎりには、一般に、歯の目が粗いほうが適している。
8	四つ目垣の立子は、元口節止めとする。
9	樹木の支柱には、八つ掛け、二脚鳥居などがある。
10	柴垣には、一般に、割竹が多く使われている。
11	夏の日差しや冬の寒さから幹肌を守るためには、わらや布テープなどで幹巻きを行うとよい。

12	樹高には、徒長枝の高さも含める。
13	屋上緑化をする場合は、積載荷重を考慮し、できるだけ軽量な仕上げとするとよい。
14	剪定方法の一つに、枝透かしがある。
15	お礼肥は、寒肥とも呼ばれ、開花前に与える。
16	樹木の植付けは、深植えとし、根鉢を踏み固めるとよい。
17	ツツジの刈込みは、花後すぐに行うのがよい。
18	労働安全衛生法関係法令によれば、き裂があるつりチェーンは、クレーン、移動式クレーンまたはデリックの玉掛用具として使用してはならない。
19	コンクリート工事において、コンクリート打込み直前の木製の型枠は、乾燥した状態であることが望ましい。
20	切土してほぐした土の容積は、盛土して締め固めたときの土の容積よりも大きい。
21	チャドクガの幼虫は、ツバキ、サザンカなどの葉を食害する。
22	オダマキおよびキキョウは、宿根草である。
23	油かすおよび骨粉は、無機質肥料に分類される。
24	地被植物の一つに、クマザサがある。
25	設計図に記入する低木（灌木）の形状は、一般に、樹高・幹周・葉張りの3項目を表示する。
26	都市公園法関係法令によれば、自然生態園は、休養施設に含まれる。
27	都市公園法関係法令には、街区公園の敷地面積についての規定はない。
28	都市公園法関係法令によれば、都市公園には、地方公共団体が都市計画区域内に設置するものがある。
29	労働安全衛生法関係法令によれば、移動はしごは、幅30cm以上のものを使用しなければならない。
30	チェーンソーを用いて行う立木の伐木の業務は、当該業務の知識があれば誰が行ってもよい。

🌀 3級学科試験の解答・解説

1　×　**縮景**は美しい景色や名所を縮小して庭に取り込む技法である。問題文は**借景**の解説である。

2　○　座して鑑賞する庭に対して、回遊しながら庭の変化を鑑賞する形式を**回遊式**という。池泉とは池をさし、**池泉回遊式庭園**とは池の周囲を歩き、観賞する庭のことをいう。

3　○　ヴェルサイユ宮苑が代表的なフランス式庭園である

4　×　飛石の**ちり**は地盤面から地上に出ている部分の高さのことをいう。

5　×　延段とは園路であり、敷石を直線や曲線に寄せて長く歩きやすいように平坦に作った

ものである。階段ではない。

6 × **春日灯籠**は**基本型灯籠**の代表であり、竿が基礎にのる形である。**生込み灯籠**は基礎がなく、竿が地盤に生け込まれた形である。

7 × 竹は細かい繊維を断ち切るため、歯の目が**細かい**ほうが適している。

8 × 四つ目垣の立子に限らず、どんな竹垣でも竹の切断は**末口節止め**とする。

9 ○ 八つ掛け支柱、二脚鳥居支柱が代表的だが、この他に、布掛け支柱、方杖支柱、地下支柱などがある。

10 × 柴垣は**雑木の枝**を使用した垣根である。

11 ○ 夏場の強剪定などで直射日光が幹に突然当たることにより、幹が日焼けして割れてしまうことがある。このようなときや移植したばかりの樹木は幹巻きを行うとよい。

12 × 樹高は、樹木の主要な樹形を形成する枝先までの**徒長枝を含まない**高さをさす。

13 ○ 屋上緑化は積載荷重に制限があるため、軽量土壌や軽量資材を用いてできるだけ軽量化を図る。

14 ○ 透かし剪定のことで、大透かし・中透かし・小透かしと切る量の程度で分けている。一般に、樹幹を整えることと枝を間引き風通しを向上させることなどが目的になる。

15 × お礼肥は**花が咲き終わった後**や**果実の収穫後**に施肥をすることで、樹勢の回復を目的としたものである。

16 × 深植えは根が呼吸できないため、やってはならない。根鉢を踏み固めることも、根の周囲の土壌が踏み固められ、気相が少なくなり、土壌の物理的性質を悪くする。また、固い地盤では根の成長も緩慢になる。いずれにしても、植物根系への酸素の供給が減るため、深植えなどは行わない。また、深植えは二次根を発達させ、一次根を衰退させるので倒木の要因となりやすい。

17 ○ ツツジの花芽分化は初夏である。春先にツツジの花が終わり、花芽分化の初夏までに刈り込むことで、翌年の花芽を刈り込むことなく翌年の開花量を維持できる。

18 ○ 作業前点検を必ず行い、異常の有無を点検する。き裂があるつりチェーンは使用してはならない。

19 × 木材にコンクリートの水分が吸われてしまうため、必ず木部には**散水（水湿し）**してから打設する。

20 ○ 地山を切土してほぐした土はルーズな状態で、地山の体積やそれを締め固めた土の体積と比べて必ず増える。

21 ○ チャドクガは春と秋の年2回発生しやすい葉を食害する害虫であり、触れると強くかぶれることがある。ツバキ科の植物を食草とする。

22 ○ 宿根草は一年草と異なり、何年にもわたって花を咲かせる植物である。オダマキとキキョウは宿根草である。オダマキは3年ほどで枯死することが多い。ギボウシ、シラン、ヤブランなども宿根草である。

23 × **油かす**はアブラナの種子から油を搾り取った残滓（ざんし）など、植物を原料とする**有機質肥料**である。**骨粉**は動物の骨を粉末状にした動物を原料とする**有機質肥料**である。

24 ○ 地被植物とは地面を覆うように広がり生育する植物のことである。

25 × 樹高・幹周・葉張りを表示するのは**中木**や**高木**である。低木（灌木）は面積で表すことが多い。

26 × 都市公園法施行令第5条5項により、自然生態園は**教養施設**に該当する。休養施設はベンチ・野外卓、キャンプ場などが該当する。

27 × 都市公園法施行令第 2 条により、街区公園は 0.25ha、近隣公園は 2ha、地区公園は 4ha を標準としている。

28 ○ 都市公園法第 3 条の都市公園の設置基準により、地方公共団体が都市公園を設置する場合において明記されている。

29 ○ 労働安全衛生規則第 527 条に、「幅は、三十センチメートル以上とすること」とある。その他、丈夫な構造とすることや、材料は著しい損傷、腐食などがないものとすることなどが規定されている。

30 × 労働安全衛生規則第 36 条に、特別教育を必要とする業務について記載がある。「チェーンソーを用いて行う立木の伐木、かかり木の処理又は造材の業務」に労働者をつかせるときは、当該業務に関する特別な教育を行うことが義務づけられている。加えて、同規則第 485 条により、作業に従事する者の下肢とチェーンソーとの接触による危険を防止するため、当該作業に従事する者に下肢の切創防止用保護衣を着用させることなどもあり、合わせて確認されたい。

造園工事作業

2級編

製作等作業試験

1. 試験問題

2級造園（造園工事作業）
実技試験（製作等作業試験）問題

　次の注意事項および仕様に従って、指定された区画内に施工図に示す四つ目垣製作、縁石・飛石・敷石敷設、築山および植栽作業を行いなさい。

1　試験時間
　　標準時間　　　2時間30分
　　打切り時間　　3時間

2　注意事項
(1)　支給された材料の品名、寸法、数量などが、「4　支給材料」のとおりであることを確認すること。
(2)　支給された材料に異常がある場合は、申し出ること。
(3)　試験開始後は、原則として、支給材料の再支給をしない。
(4)　使用工具等は、使用工具等一覧表で指定した以外のものは使用しないこと。
(5)　試験中は、工具などの貸し借りを禁止とする。
　　　なお、持参した工具などの予備を使用する場合は、技能検定委員の確認を受けること。
(6)　作業時の服装などは、安全性、かつ、作業に適したものとする。ただし、熱中症のおそれがある場合は、技能検定委員の指示により保護帽（ヘルメット）は、着用しなくても構わない。
　　　なお、作業時の服装などが著しく不適切であり、受検者の安全管理上、重大なけが・事故につながるなど試験を受けさせることが適切でないと技能検定委員が判断した場合、試験を中止（失格）とする場合がある。
(7)　標準時間を超えて作業を行った場合は、超過時間に応じて減点される。
(8)　作業が終了したら、技能検定委員に申し出ること。
(9)　試験中は、試験問題以外の用紙にメモしたものや参考書などを参照することは禁止とする。
(10) 試験中は、携帯電話、スマートフォン、ウェアラブル端末などの使用（電卓機能の使用を含む）を禁止とする。
(11) 工具・材料などの取扱い、作業方法について、そのまま継続するとけがなどを招くおそれがあり危険であると技能検定委員が判断した場合、試験中にその旨を注意することがある。
　　　さらに、当該注意を受けてもなお危険な行為を続けた場合、技能検定委員全員の判

断により試験を中止し、かつ失格とする。ただし、緊急性を伴うと判断された場合は、注意を挟まず即中止（失格）とすることがある。

3　仕　様

(1)　四つ目垣

イ　丸太柱は、埋込み部分の防腐処理をしなくてよいが、天端は、切り揃えること。

ロ　胴縁は、元末を交互に使うが、末節止めとし、丸太柱にくぎ止めとすること。

ハ　立子は、末節止めとすること。

ニ　立子と胴縁との結束は、次によること。

（イ）　1段目と3段目は、シュロ縄を2本使いで裏綾掛けいぼ結びとし、しりをいぼの上端から20mmで切り揃えること。

（ロ）　2段目は、シュロ縄を2本使いで、左よりからみ結び（かいずる）とすること。

(2)　縁石、飛石および敷石

イ　縁石および飛石の敷設で寸法を指定していない箇所は、平面図のような感じになるようにすること。

ロ　敷石B、縁石（自然石）、縁石（石材またはコンクリート製）の仕上がり高は同一とすること。

ハ　縁石および敷石は、平らに土ぎめ敷設すること。

ニ　掘り出した土（発生土）は、点線の範囲内の築山および整地に使用すること。

(3)　築山

発生土を使用して、点線の範囲内に見映えよく設けること。

(4)　植栽

イ　枝ぶりを生かし、平面図のような感じになるように植栽すること。

ロ　刈込みはしないこと。

ハ　植栽に当たっては、本来ならば水鉢を設けるところであるが、本試験においては、水鉢を設けないこと。

4　支給材料

品　名	寸法または規格	数　量	備　考
丸　太	末口6cm、長さ1.6m	2　本	竹垣用
唐　竹	15〜20本じめ（4節上り、回り7〜9cm）	4　本	胴縁および立子用
シュロ縄	径3mm、長さ25m（黒）	2　束	
く　ぎ	長さ45mm	7　本	予備含む
飛　石	踏面35〜50cm程度、厚さ10cm前後	3　枚	
敷　石	長さ60cm×幅30cm×厚さ6cm	2　枚	石材またはコンクリート製
縁　石	径15〜20cm程度、厚さ8cm以上	10　個	自然石（予備含む）
	長さ60cm×幅10cm×厚さ10cm	1　本	石材またはコンクリート製
中　木	H=1.5m	1　本	
低　木	ササキツツジなど H=0.3m、W=0.3m	2　株	
下　草	ヤブラン・オオバジャノヒゲなど	1　株	3芽立ち以上 コンテナ径10.5cm

造園工事作業　2級　編

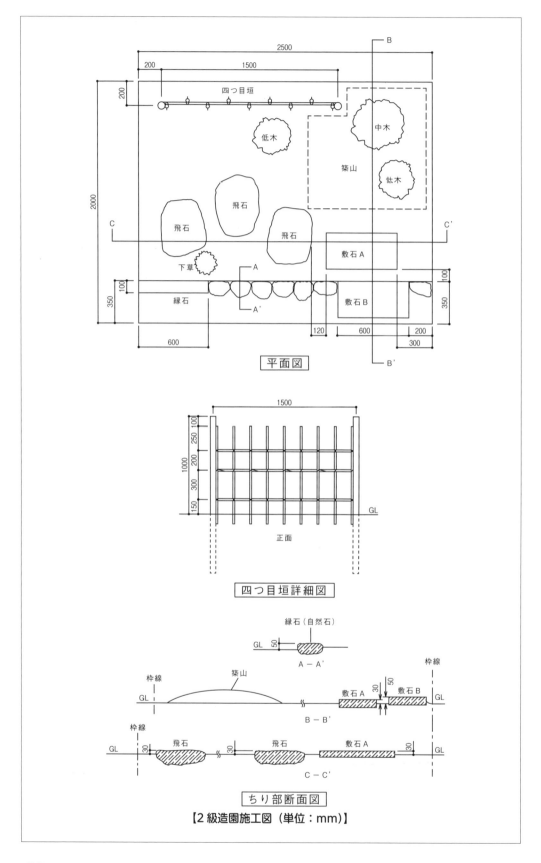

平面図

四つ目垣詳細図

ちり部断面図

【2級造園施工図（単位：mm）】

2級造園実技試験（製作等作業試験）使用工具等一覧表

1 受検者が持参するもの

※丸数字は p.94 の写真との対応を示す。

品　名	寸法または規格	数　量	備　考
巻　尺❶		1	
のこぎり❷		1	
竹ひきのこ❸		1	
金づち❹		1	
くぎしめ❺		1	
木ばさみ❻		必要数	剪定ばさみ❼も可
くぎ抜き❽		1	
き　り❾	三つ目きり	必要数	充電式ドリル❿も可
木づち（このきり）⓫		1	
こうがい板(かき板)⓬	250 ～ 300mm	1	地ならし用
れんがごて⓭		必要数	地ごて⓮も可
くぎ袋⓯		1	
手ぼうき⓰		必要数	
箕（み）⓱		1	
水　糸⓲		必要数	糸巻⓳も可
水平器⓴		1	
スコップ㉑	剣スコ	必要数	両面スコップ㉒、移植ごて㉓、手ぐわも可
つき棒（きめ棒）㉔		1	
遣方杭（位置出し棒）		必要数	ピンポール㉕相当品
作業服など		一式	
保護帽(ヘルメット)㉖		1	
作業用手袋㉗		1	使用は任意とする。
鉛　筆㉘		必要数	
飲　料㉙		適宜	熱中症対策、水分補給用

(注) 1. 使用工具等は、上記のものに限るが、同一種類のものを予備として持参することは差し支えない。ただし、試験場の状態により、上記以外に持参する工具を指示された場合には、その工具を持参すること。
2. 充電式ドリルを持参する場合は、あらかじめ充電して持参すること。なお、バッテリーの予備の持参も可とする。
3. 持参する工具に計測できるような加工はしないこと。
4. 「飲料」については、受検者が各自で熱中症対策、水分補給用として、持参すること。

2 試験場に準備されているもの

品　名	寸法または規格	数　量	備　考
バケツ（水）		適宜	シュロ縄用

造園工事作業　2級　編

2. 工具と材料

2.1 | 2 級の持参工具

Point ❖ 会場についたらまず工具の展開です。工具を広げてもよいか検定委員に断りを入れ、早めに展開しましょう。

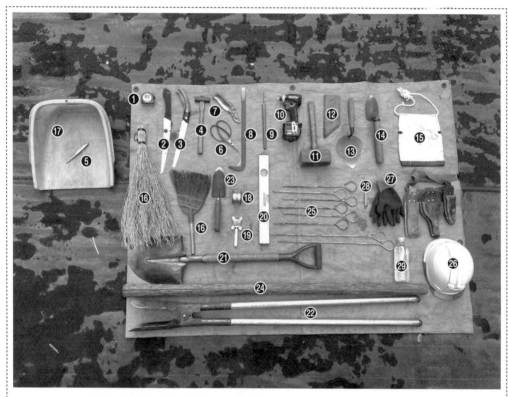

【2 級造園実技試験（製作等作業試験）使用工具等一覧表にある工具】

よく使い慣れたものを用意し、試験前日には不具合がないか個数（予備含む）を確認しておきましょう。

また、工具を広げておくと道具が一目で確認でき、工具を探す時間を短縮できます。試験会場によりますが、ここまで広く道具を展開するスペースの確保は難しいでしょう。会場のスペースに応じて対応してください。

⇒詳細は p.4 参照

2.2 | 2級の支給材料

Point※ 会場についたら工具の展開と合わせて材料の確認を行います。試験開始後の材料の交換はできません。

【2級支給材料】

【確認事項】

・くぎなどの個数

・丸太が大きく反っていないか、大きな割れが入っていないか

・竹の曲がりがひどくないか、また割れが入っていないか

・シュロ縄の引出口がどこにあるか見つけておく

・自然石の縁石の使い勝手をイメージしておく（敷石Bの隣に入る200mmの縁石の選択）

※交換が必要な場合は、試験開始前に検定員に申し出るようにしてください。

※試験開始前に最後の水分補給をしておきましょう。

造園工事作業　2級　編

3. 竹垣作業（柱の据付け）

　試験開始の合図がなったら、「お願いします！」という気持ちで試験に臨みましょう。緊張をほぐすために声に出してもいいと思います。

　まず手に取るものは、**丸太2本・木づち・のこぎり**です。

3.1 | 丸太の切断

Point ❀ 丸太を真っすぐに切断しましょう

❶ ▶▶▶

手に取った材料・工具をこのように組み、一方の端の下に丸太、もう一方の端の下に木づちを入れて枕にし、地面から平行に浮かした状態で加工に入ります。

❷ ▶▶▶

あらかじめマークされている、マジックの線と線の間を目測で2本とも切断します。

　　　　　　　　　　　⇒詳細は p.6 ～ 7 参照

❸ ▶▶▶

2本とも切断します。切断した輪切りのゴミは散らかさず、一定の場所に集めておきましょう。

❹ ▶▶▶

柱に GL までの距離 1000mm をマークします。胴縁の位置の印は柱が建ってからマークします。

3.2 | 丸太柱を建てる位置

　柱の切断を終えたら、ピンポール4本と巻尺を手に取り、柱の位置出し作業をしましょう。最初に施工する基準となる柱を**親柱**、もう一方を**留柱**と呼びます。

Point ※ ピンポールを立てる位置と距離を暗記しておきましょう。

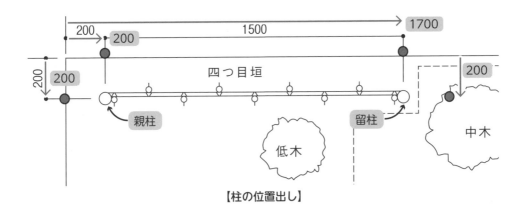

【柱の位置出し】

親柱を建てる位置は敷地境界角から2方向それぞれに200mm、200mmです。その位置にピンポールを立てます。

② ▶▶▶

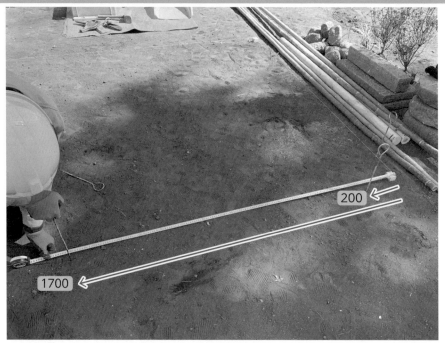

1本目の親柱とあわせて2本目の柱（留柱）の位置を巻尺で測り、ピンポールを立てます。留柱の距離は1700mmです。立てるピンポールは敷地の内外どこでも構いません。

③ ▶▶▶

4本のピンポール設置状況です。
この後、ピンポールを目印に柱を建てるため、ピンポールはできるだけ真っすぐ立てると柱位置の判断がしやすくなります。

3.3 | 丸太柱を建てる穴の床掘り

　親柱から作業を進めます。この親柱を基準として四つ目垣を作っていきます。この柱が高さや位置の基準にもなります。

Point ✿ 穴の位置と深さと大きさに注意し、またダブルスコップの上手な使い方をマスターして効率よく掘削ができるよう練習しましょう。

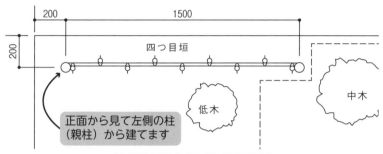

【2 級造園部分施工図（平面図）】

　ピンポールの位置を意識しながら掘り進めます。堀穴サイズは丸太の直径 6cm に持参のつき棒が入る大きさ＋αを意識して穴掘りします。

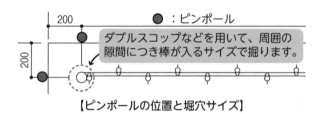

【ピンポールの位置と堀穴サイズ】

写真のように周囲の隙間につき棒が入るサイズをイメージして掘る大きさを決めます。

親柱から作業を進めます。ダブルスコップで効率よく掘削していきます。⇒詳細は p.8 ～ 9 参照

造園工事作業　2 級　編

3.4 | 堀穴へ柱を建てる

Point ※ 高さ→位置→傾きの順に調整しましょう。⇒詳細は p.9 ～ 11 参照
  掘削した土は絶対に踏まない（地盤が凸凹になる）！

❶ ▶▶▶

親柱から建てていきます。

❷ ▶▶▶

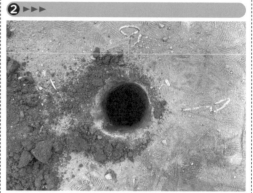

立てたピンポールの位置を意識して、留柱側も掘削します。

❸ ▶▶▶

留柱も同様の手順で建てます。
1 本目の柱の高さに合わせるため水糸を張り、高さ調整をします。

❹ ▶▶▶

埋め戻しの土は足で戻し入れます。スコップやこうがい板でもよいですが、足袋が一番効率よいです。平らな地盤に盛った土を足袋で踏んでしまうとせっかくの平らな地盤に凹凸ができてしまうので、むやみに踏まないよう注意しましょう。

❺ ▶▶▶

2本の柱が建ったら、柱周辺の地盤も軽く整地します。柱脚の根固め（土のつき固め）をしっかり行えば、締め固められて発生土がほとんど出ません。発生土がある場合は築山のエリアに盛っておきます。

造園工事作業 2級 編

予測される採点 Point …… 竹垣編①

技能検定は持ち点が100点あり、ここから減点される方式です。竹垣製作は仕様で寸法が明記されているので、正確に作ることが求められます。指示された寸法どおりの完成を目指してください。少しずれていたからといってやり直す時間はありません。しかし、明らかな間違いはやり直さなければなりません。下記のポイントを参考に精度を上げていってください。

① 2本の柱の根元の芯から芯までの距離（1500mm）

　→±20mm までのズレは許容と考えられる！　気にせず先に進みましょう。

　±30mm のズレがあったとしても時間に余裕がなければ、減点の可能性はありますが作業を先に進めましょう。ただし、垂直に建っていなければ減点対象です。

② 敷地境界の水糸から柱の芯までの距離（200mm と 200mm）

　→±20mm までのズレは許容と考えられる！　気にせず先に進みましょう。

　±30mm のズレがあっても時間に余裕がなければ、減点の可能性はありますが作業を先に進めましょう。ただし、200mm の距離が2本の柱でそれぞれ異なると、敷地と竹垣が平行ではなくなります。できるだけ敷地と平行に合わせたいところです。

※寸法は多少ずれてもいいですが、垂直・水平などは目につく部分です。これは施主など一般の人が見ても気づくことです。逆に1cm ずれていても一般の人は気がつきません。自然材料を扱う試験ですから、上手に納められていたら図面より数 cm ずれることを許容することもあります。

4. 竹垣作業（竹の加工と取付け）

　支給された竹をどのように材料取りするか、頭で計画しておきましょう。これができていると、作業中に手が止まることがありません。考え方や手順をしっかり覚えておきましょう。

　ここで手に取る工具は、**巻尺・木づち・竹ひきのこ**です。

4.1 ｜ 4本の唐竹の加工

Point ❖ まず、3本の胴縁から取り掛かります。真っすぐで素性のよい材料を選びます。胴縁の取付け作業終了後に、立子の加工に入りましょう。⇒詳細は p.13 〜 14 参照

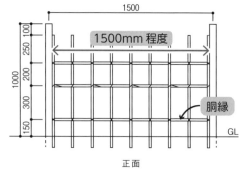

【胴縁材の寸法】

　四つ目垣詳細図より、胴縁材の寸法と施工場所・本数を確認します。

1500mm 程度の長さの**胴縁**が**3本**必要です。

❶ ▶▶▶

4本の唐竹を1本1本、元口から眺め、それぞれのクセを回しながら見ていきます。太くてクセの少ない真っすぐな部分で1500mm取れるところを探します。

❷ ▶▶▶

矢印のところより手前が真っすぐで、長い材料が取れそうだとイメージして、胴縁をどこから取るか判断します。

❸ ▶▶▶

3本の胴縁を得るため、4本中3本目の唐竹を写真のように加工します（一例です）。
① 余り（末口側は細いため、検定試験では使用しません）
② 胴縁（1500mmに1節分加えた長さ）を1本
③ 立子（950mm～1000mm）を1本
④ クセが強く節間も短いため、切り捨てる部分（元口側）

❹ ▶▶▶

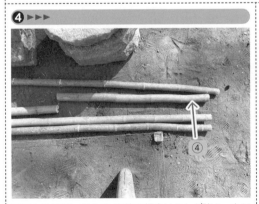

元口から見ていきます。唐竹の根本はクセが強かったり節間が短かったりする、見映えが悪い部分（④）なので、ある程度切り捨てます。切断位置は胴縁と立子の確保に重きを置きながら唐竹の個性により判断します。切り捨てる部分が1000mmに近い場合は、立子の予備として末口節止めで切断しておくこともよいです。

❺ ▶▶▶

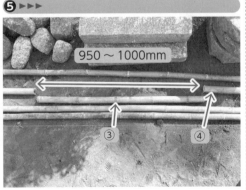

次に、立子（③）を1本、切り出します。950～1000mm確保し、末口節止めで切断します。末口節止めで切断した結果、1000mmを超えるようであれば、1000mmになるように元口側を切断し揃えます。

⑥ ▶▶▶

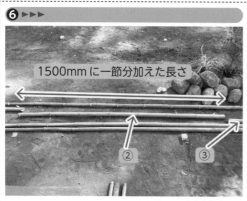

1500mm に一節分加えた長さ

② ③

胴縁（②）は芯～芯 1500mm の柱間に合わせて入るため、切断長さを 1500mm と 1 節程度余計にとっておきます。

⑦ ▶▶▶

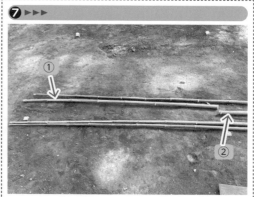

①

②

唐竹の梢（末）のほう（①）は細く、検定試験では使用しません。ただし、加工の失敗などで材料が足りなくなったときには使用できます。

⑧ ▶▶▶

胴縁の末節止め加工

胴縁の末節止めは、材料から切り出す際に先に斜めに切断します。このときの切断向きにより、胴縁の取り付く方向が決まります。胴縁が取り付いた際、正面から見て真っすぐに見えるような方向（正面から見たときに芽が見える向き）を、唐竹の芽の向きを見るなどして、切る前にあらかじめ決めておきます。

⇒詳細は p.13 参照

| ○ | よい例 | ○ | | × | よくない例 | × |

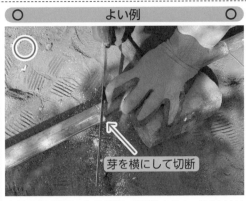

芽を横にして切断

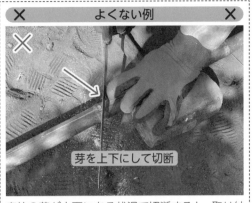

芽を上下にして切断

唐竹の芽が横にある状況で切断すると、取り付けた際に胴縁が真っすぐに見えます。

唐竹の芽が上下にある状況で切断すると、取り付けた際に胴縁がジグザグに見えます。

❾ ▶▶▶

のこぎり

60°前後が目安

切断角度は、竹や丸太の直径によって定まるため、決まっているものではありませんが、60°前後で加工するとよいでしょう。

末口の節止めは強度を得るための決め事なので、切断の際、節にかからないように注意します。また、切断位置が節から離れすぎると、留め付ける際、配布されたくぎが届かなかったりすることもあるので、節のすぐ上で斜めに切断しましょう。

⓾ ▶▶▶

3本の唐竹から立子（写真上3本）と胴縁（写真下3本）が切り出せました。次の胴縁の取付けで失敗する可能性を考慮し、残り1本の唐竹からは立子を切り出さず、未加工のまま残しておきます。

⓫ ▶▶▶

末節止めの様子です。

⓬ ▶▶▶

胴縁を柱にくぎで取り付けるため、下穴をあけます。竹は表面がツルツルしているため、ドリルの食いつきが悪く、滑ります。くぎは竹に対して斜めに入りますが、滑らないよう、まず真っすぐに下穴をあけます。

⓭ ▶▶▶

一度ドリルを完全に抜き、もう一度角度を決めて再度ドリルで穴あけします。こうすることでドリルを折らずにすみます。
※ドリルの刃は折れることが想定されます。替えを必ず持参しましょう。

⓮ ▶▶▶

下穴の加工状況です。必ず、末口（切断面）から追って節を超えたところから下穴をあけるようにしましょう。

4.2 | 胴縁の取付け

　胴縁を柱に取り付ける際に柱が傾いてしまうことがあります。傾かないように施工方法を工夫することと、くぎ留めする前に必ず傾きのチェックをすることが大切です。

　また、ここで柱に胴縁の位置を記します。胴縁の位置が2本の柱に記されますが、最終的には寸法よりも見た目が重要です。よく目視で確認しながら先に進むようにしましょう。

Point※ 胴縁と柱が水平と垂直になっているかを目視で確認できるよう目を養いましょう。
最終的には寸法よりも見た目が重要！

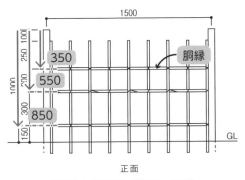

【胴縁の割り間（間隔）寸法】

　四つ目垣詳細図より、胴縁の割り間（間隔）寸法と、それらの累計寸法を確認します。
　胴縁の取付け位置は柱天端から **350mm** と **550mm** と **850mm** です。

❶ ▶▶▶

竹垣の裏側に回って印をつけます。2本の柱に柱天端から350mmと550mmと850mmを記します。

❷ ▶▶▶

末口側を先に柱へ留めるため、元口側を施工高さに仮置きする必要があります。印の箇所へくぎを仮打ちし（手で抜ける程度）、竹の受けをくぎで作ります。

❸ ▶▶▶

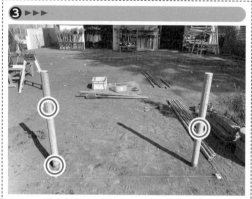

3本の胴縁は元末を交互に使うため、竹の受けとなるくぎは写真のような位置になります。

❹ ▶▶▶

上段の胴縁から留め付けます。体や太ももで柱を抱え、くぎ留め作業の衝撃に柱が負け、傾くことのないようにします。

❺ ▶▶▶

胴縁と柱の位置関係を確認します。胴縁の鋭利な先端が柱面より裏へ出ないようにします。

❻ ▶▶▶

胴縁の高さと前後の位置が定まったら、くぎしめでくぎを奥まで打ち込みましょう。

❼ ▶▶▶

1段目胴縁の末口が留まった状況です。

❽ ▶▶▶

1段目胴縁の末口が留まった状況を元口側から見た様子です。

Point ※ このタイミングで必ず2本の柱が平行で垂直に見えるかを確認します。これをせずに元口の加工に入ると柱の傾き調整ができなくなってしまいます。

❾ ▶▶▶

元口の加工は、建っている柱に合わせた現場加工なので、難易度の高い作業です。ポイントを押さえて練習を重ね、迷いなく作業できるようにしましょう。のこぎりをガイドにして、柱の内側の位置を胴縁に印します。

❿ ▶▶▶

❾を真上から見た写真です。
胴縁に対し、のこぎりを90°に合わせ、柱の内面にのこぎりを添わせます。

⓫ ▶▶▶

のこぎりでキズをつけて印とします。胴縁の上側だとキズが目立つので、のこぎりを立てて、手前面に印をつけます。

⓬ ▶▶▶

写真のように、わずかに印（キズ）をつけます。

造園工事作業 2級 編

109

⓭ ▶▶▶

印（キズ）をつける

柱の内面（ —・— ）を胴縁に写したことになります。

✕ よくない例 ✕

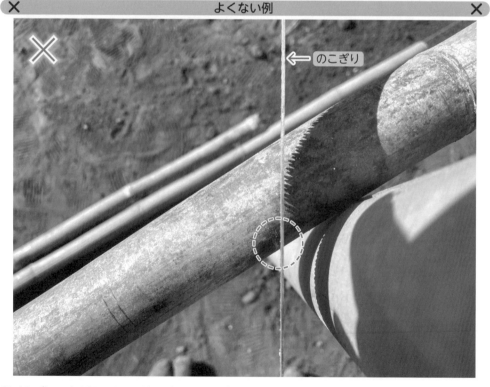

← のこぎり

印（キズ）の上を切るような位置だと、長すぎて、胴縁は柱間に納まりません。

○ よい例 ○

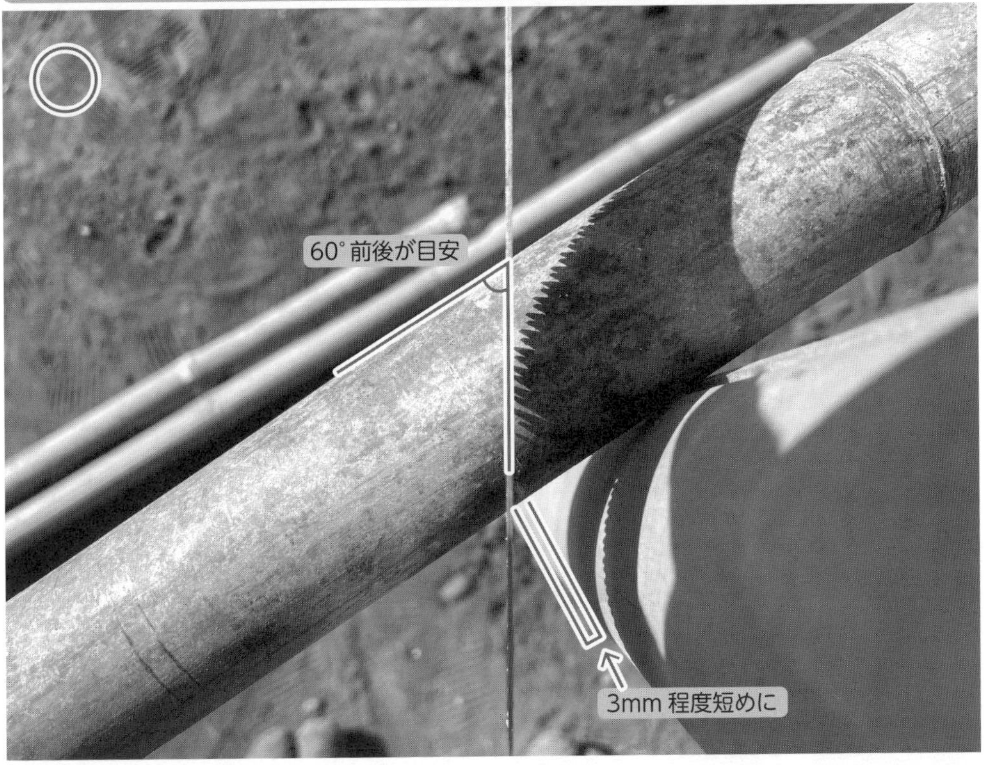

切る角度にもよるため、一概に寸法は出せませんが、印より 3mm 程度短くなるように切断しましょう。切断の角度は 60°前後を目安にします。

⓮ ►►►

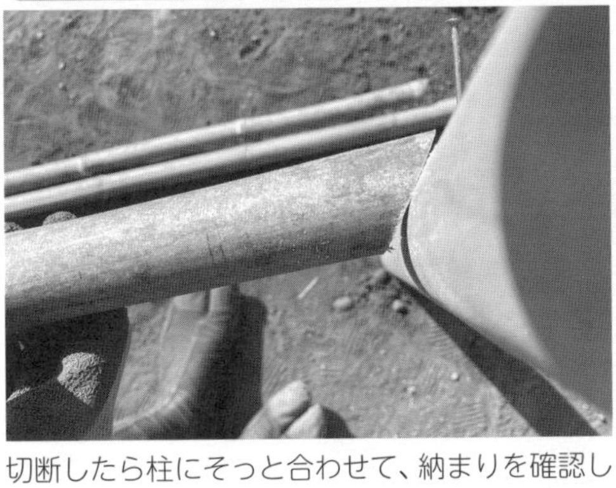

切断したら柱にそっと合わせて、納まりを確認します。長ければ再度のこぎりで薄く輪切りにするなどの調整が必要で、難しい作業になります。最初の切断で合わせられるように練習を重ねましょう。

⓯ ►►►

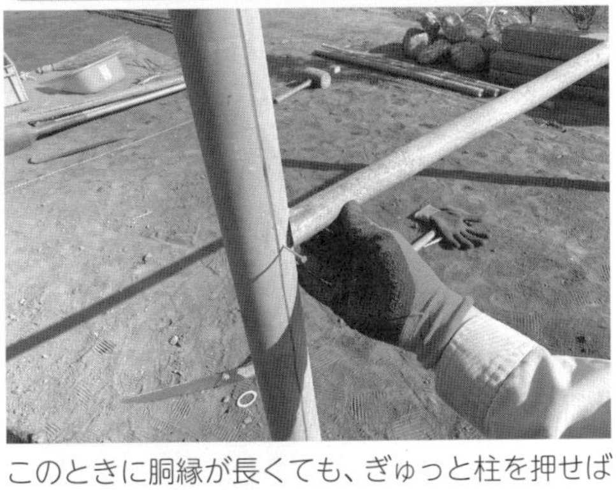

このときに胴縁が長くても、ぎゅっと柱を押せば納まるでしょう。ただしその結果、2 本の柱が開いてしまい平行でなくなります。

Point 垂直に建っている柱を動かさないよう、優しく、スッと納めてください。

⑱ ▶▶▶

元口側のくぎ留め作業に入ります。末口同様に、一度真っすぐに穴あけします。

⑲ ▶▶▶

その後、柱へ向けた角度で下穴をあけます。柱に下穴はあけません。**竹のみ**貫通させます。

⑳ ▶▶▶

竹受けのくぎを抜き、胴縁を印どおりに仮留めします。高さ調整ができるよう、手で抜けるくらいにしておきます。

㉑ ▶▶▶

胴縁が水平かどうか目視で確認します。水平と感じなければ、調整・確認し、本留めします。これを3本繰り返します。

㉒ ▶▶▶

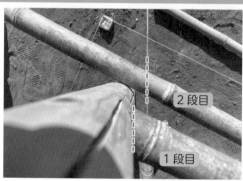

2段目の胴縁も1段目と同様に取り付けていきます。切断角度などは、1段目を参考に加工するとよい仕上がりになるでしょう。

㉓ ▶▶▶

揃える

3本の胴縁が取り付きました。
柱付きが通りよく揃っていると次の立子がきれいに納まります。多少のズレは問題ありませんが、意識することは非常に重要なことです。

㉔ ▶▶▶

3本の胴縁が揃っているかどうかは上から眺めて判断するとよいです。

㉕ ▶▶▶

末節止め

末節止め

末節止め

いったん離れてみて、目視で胴縁が水平かどうかを確認し、よければくぎを最後まで打ち込みます。打ちすぎると竹が割れるため、竹に強い負荷がかからないよう留めてください。
ここでは、上段の胴縁の左側を末口としました（右側でもよい）。上・中・下段で竹の末元が交互になるようにします。

造園工事作業　2級　編

4.3 立子の取付け

立子と立子の間隔に寸法明記はありません。柱付き2本の立子aと、その中心の立子bから立てます。次に、またその中心cと順次、立てていきます。a・b・cの立子はすべて胴縁の手前側に配置します。dは胴縁の向こう側に配置されます。

Point 9本の立子が垂直で等間隔、かつ同じ高さになるように配置しましょう。

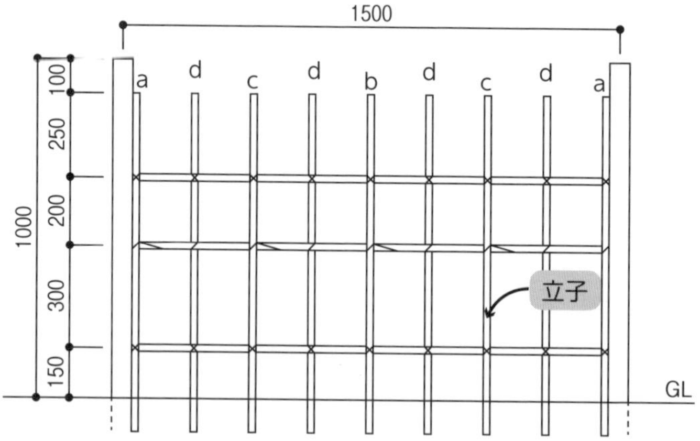

正面

【立子の取付け】

四つ目垣詳細図より、立子材の寸法と施工場所・本数を確認します。
950 ～ 1000mm の長さの**立子**が **9 本**必要です。

❶ ▶▶▶

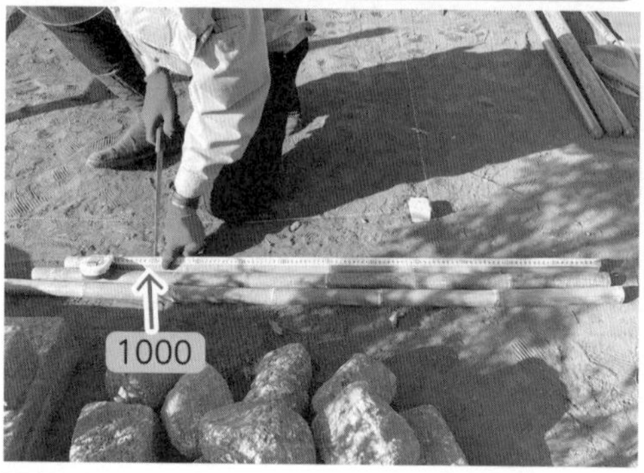

胴縁を切り出す際に確保した、3本の立子を使用します。1000mmを基準に切り揃えるため、1本目の立子を1000mm丁度で切断します。

❷ ▶▶▶

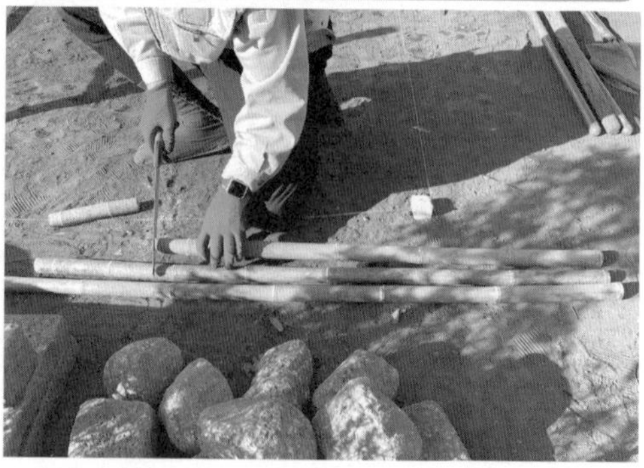

1本目を基準にして合計9本の立子を切り出します。支給された材料の4本目にも手を付けて最大限よいところを使用して材料を取りましょう。

Point 支給される唐竹4本のうち、3本だけでも材料は足りますが、細い材料を使用することになり、ベターではありません。

❸ ▶▶▶

9本の立子を切り出しました。なるべく末口は汚さないようにします。

❹ ▶▶▶

100

柱天端から100mm下がった位置が立子の天端ラインになります。ここに水糸を張ります。

❺ ▶▶▶

Point ※ 水糸の張り方に工夫を！　真上から見て胴縁の上に水糸が来るようにします。こうすることで、立子に水糸が干渉しなくなり、木づちで叩きやすくなります。

❻ ▶▶▶

次に、立子がささる部分の土をほぐします。胴縁の真下を掘りましょう。100mm程度ささるため、しっかりとほぐすようにしてください。ほぐしが甘いと、立子を強く叩き、頭をつぶしてしまうおそれがあります。

❼ ▶▶▶

左右の柱付きの立子aから立てていきます。足袋で足元を固定します。立子を叩く際に柱に干渉するので、斜めにして水糸の高さまで叩き入れていきます。

❽ ▶▶▶

柱にぴったり沿うように立てます。
柱の脇に立つ立子なので、ほかに比べ、強度が必要ありません。9本の立子のうち、1番細い材料を左右用に選んで使用します。

❾ ▶▶▶

立子を立てたら、倒れ防止のため、すぐ結束します。柱付きの立子は下段のみ結束しておきます。

❿ ▶▶▶

次の立子は中心の立子 b です。余った材料や立子を使用して中心を求めます。竹をねかせて 2 番目の節のところにピンポールを置きました。

⓫ ▶▶▶

もう一方からもピンポールを置き、同じ節のところを目印にしました。地面に線を引くだけでもよいでしょう。

⓬ ▶▶▶

これらの印の間が限りなく中心に近いです。スケールで測るよりも竹を定規にして中心を求めたほうが速いです。

⓭ ▶▶▶

求めた位置に立子を立てます。一番太い竹を使用しましょう。

⓮ ▶▶▶

目線を落とし、水糸に高さを合わせます。地面がほぐし切れていないと強く叩かなくてはなりません。末口が潰れないように加減します。

⑮ ▶▶▶

立子 a、bの中間をねらって、立子 c を立てます。ここは目視で中間を求めます。ここでも立てたら上段の胴縁にすぐ結束します。

⑯ ▶▶▶

右側の立子 c も同様に立てて、結束します。これで手前側の立子は立て終わりました。

⑰ ▶▶▶

裏綾掛けいぼ結びにします。

動画

⑱ ▶▶▶

裏綾掛けいぼ結び（正面）。しり（引手）の4本は乱れないようにひとかたまりに束ねておきます。

⑲ ▶▶▶

裏綾掛けいぼ結び（側面）。
しりは水平か少し上向きにします。

⑳ ▶▶▶

裏綾掛けいぼ結び（上から見た様子）。
縄のしりはいぼの上端から 20mm で切り揃えます。

㉑ ▶▶▶

裏綾掛けいぼ結び（裏：綾掛け）。

㉒ ▶▶▶

裏綾掛けいぼ結び（裏：綾掛け）。

㉓ ▶▶▶

向こう側の立子ｄ（４本）も、隣り合う立子の中間をねらって立てて、結束します。写真では結束作業により立子が斜めに傾いているのがわかります。

㉔ ▶▶▶

各立子を確認し、垂直に立つように手直しします。

㉕ ▶▶▶

立子が立て終わりました。
立子の太さは中央の立子 b が一番太く、柱に近づくに連れて徐々に細くなるように立子を配置しましょう。

㉖ ▶▶▶

こちらから見たときに、立子の上一節が内側（胴縁側）に傾くように 180°立子を回しながら調整すると、さらにまとまって見えるでしょう。

㉗ ▶▶▶

中段は、シュロ縄で小束（長さは 3 広程度）を作り、からみ結びとし、下段は裏綾掛けいぼ結びをします。
最後に残った両端の上段を忘れずに結束してください。

動画
小束の作り方

動画
からみ結び

造園工事作業　2級
編

119

⏴28⏵ ▶▶▶

立子の足元の地盤がほぐされたままなので、整地をしていきます。

⏴29⏵ ▶▶▶

足袋を使って踏み固めて整地します。

⏴30⏵ ▶▶▶

結束のゴミなどはその都度片づけましょう。整地がきれいにできていても、ゴミが残っていては台無しです。

⏴31⏵ ▶▶▶

ゴミは、みに入れておきましょう。

32 ▶▶▶

ゴミを片づけ、整地を終え、水糸の外し忘れなどを確認したら四つ目垣の完成です。

予測される採点 Point …… 竹垣編②

① 胴縁

柱の天端から胴縁までの距離（上段：350mm、中段：550mm、下段：850mm）

→± 10mm までのズレは許容と考えられる！

気にせず先に進みましょう。

また、± 15mm のズレがあっても、時間に余裕がなければ、減点の可能性はありますが作業を先に進めましょう。

※たとえ指定の寸法がずれたとしても胴縁が水平になっていること、末元の配置が上中下段で交互になっていることはとても重要なので重きを置いてください。

② 立子

立子 9 本が垂直で等間隔に立っているか。また、高さが柱の 100mm 下がりに揃っているか。

※（胴縁・立子共通）末節止め加工がされ、さらに唐竹がジグザグに波打たず真っすぐに見える使い勝手にしているか。

③ いぼ結びのしり（最後の引手でいぼの頭から）が 20mm

→± 5mm までのズレは許容と考えられる！

ただし、場所によりばらつきが出ないようにしましょう。一定の長さで揃えたほうがきれいに見えます。

④ ゴミの処理と整地

結束のゴミはまとめておきましょう。柱、立子周りも整地します。

121 ●

5. 石作業

石材の施工に関して、図面を把握して石の位置など寸法を暗記しておきましょう。

5.1 | 縁石と敷石 B の位置出しと遣り方

竹垣作業を終えたら、次は石作業です。最初に縁石の作業から取り掛かります。ピンポールと巻尺を手に取り、石材の位置出し作業をしましょう。

Point ❋ ピンポールを立てる位置と寸法を暗記しておく。

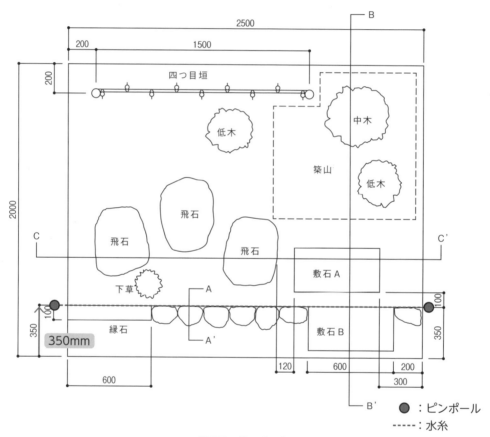

【縁石の位置出し】

❶ ▶▶▶

ピンポール

350

敷地の手前から 350mm 測りピンポールを立てます。水糸はピーンと張るようにします。
2 か所にピンポールを立て、間に水糸を張ります。
水糸の高さはちり部断面図を参照し設定します。

⇒詳細は p.19 ～ 20 参照

縁石（自然石）

GL 50

A － A'

枠線

築山

枠線

GL

30

50

敷石 A　敷石 B

GL

B － B'

枠線

GL 30

飛石

30

飛石

敷石 A

30

GL

C － C'

【ちり部断面図】

ちりの寸法は縁石・敷石 B が **50mm**、敷石 A・飛石が **30mm** です。

造園工事作業　2 級
編

❶ ▶▶▶

縁石・敷石 B のちりが 50mm です。

❷ ▶▶▶

ちりの寸法を確保しつつ水糸を水平に合わせます。

5.2 | 縁石と敷石 B の床掘りと敷設方法

　水糸で遣り方ができたら、次は床掘り、縁石の据付け作業に入ります。⇒詳細は p.20 〜 27 参照

Point※ 床掘りは多少広め・深めに掘り、手戻り（やり直し）のないようにしましょう。

❶ ▶▶▶

作業は縁石（短冊）と敷石 B からです。設計図の位置に仮置きします。

❷ ▶▶▶

縁石（短冊）を向かって左端に合わせ仮置きします。

❸ ▶▶▶

敷石Bを向かって右端に仮置きします。
敷地境界から200mmを測ります。

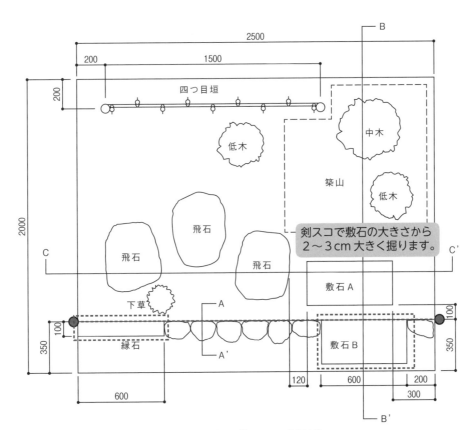

【縁石（短冊）と敷石Bの床掘り】

④ ▶▶▶

仮置きした石の位置を、剣スコを用いて地面にけがきます。

⑤ ▶▶▶

地面に石の位置をけがいたら、一度、石をどかします。

⑥ ▶▶▶

けがいた石材のサイズより2～3cm大きく掘り進めます。掘る深さは、石材によりさまざまです。
⇒詳細はp.22～24参照

⑦ ▶▶▶

掘りすぎないように、何cmくらい掘るか深さをイメージして、全体を掘り進めます。

⑧ ▶▶▶

掘る広さは、作業性を増すために水糸や、地面にけがいたラインより2～3cm広く掘ります。

⑨ ▶▶▶

コーナー部分は掘りにくく、堀りが甘くなる部分です。角までしっかりと掘ることで施工がしやすくなります。

⑩ ▶▶▶

敷石Bを敷設するため、掘ったところに土を山状に戻します。

⑪ ▶▶▶

盛った土の上に敷石Bをそっと据えます。

⑫ ▶▶▶

水糸と巻尺により位置を合わせます。

⑬ ▶▶▶

水糸で長手方向を、水平器で短手方向の水平を確認します。

⑭ ▶▶▶

高さも位置も水糸にあっていることを確認します。

⑮ ▶▶▶

土を周囲に戻します。

造園工事作業 2級 編

16 ▶▶▶

石の四隅を中心によくつき固めます。

17 ▶▶▶

バールでつき固めたら、足袋で踏み固めます。

18 ▶▶▶

縁石（短冊）も同様に床掘りします。

19 ▶▶▶

写真のように少し広めに掘ります。

20 ▶▶▶

水糸により位置を合わせ、水糸で長手方向を、水平器で短手方向の水平を確認します。

21 ▶▶▶

バールでつき固めたら、足袋で踏み固めます。

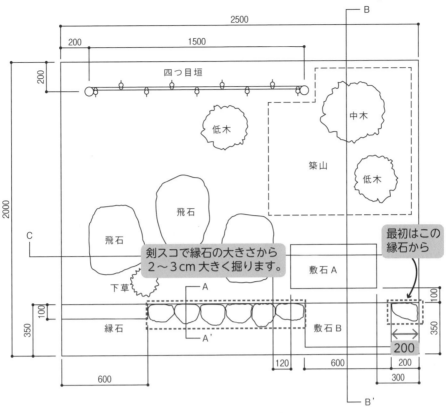

剣スコで縁石の大きさから
2～3cm大きく掘ります。

最初はこの
縁石から

【縁石（自然石）の敷設】

㉒ ▶▶▶

敷石Bの隣の縁石（自然石）スペースが200mm
なので、支給されている縁石の中から200mmに
近い石を選びます。

㉓ ▶▶▶

水糸と敷石Bにより、高さと位置を合わせて縁石
を施工します。

㉔ ▶▶▶

自然石の縁石の両サイドは、大きい石を選び、1番目に据えます。大中小のサイズの違う縁石を、天端を揃えてランダムに隣り合うように配石します。こうすると、見た目のバランスがよくなります。

㉕ ▶▶▶

バールや移植ごての柄で縁石の底をつき、ぐらつきがなくなったら、周辺を足袋で踏み締め固めていきます。同時に、周辺地盤と合わせるように地盤も均します。

㉖ ▶▶▶

縁石周辺の整地作業をし、発生した土は築山を作るエリアに運んでおきます。

5.3 | 敷石Aと飛石の位置出しと敷設方法

　縁石と敷石Bが敷設できたら、敷石Aと飛石の敷設作業に入ります。

Point ❖ すでに施工した敷石Bを基準に位置と高さを合わせていきます。

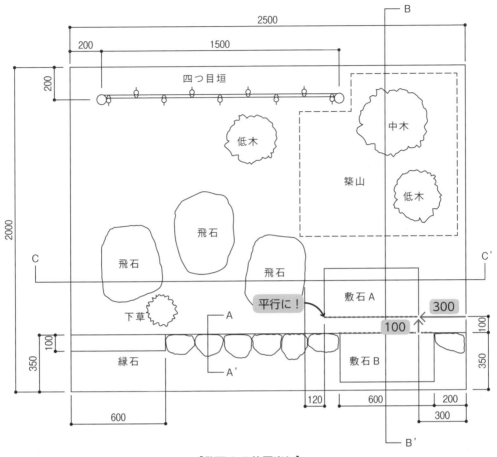

【敷石Aの位置出し】

❶ ▶▶▶

敷石Aを仮置きします。敷石Bから100mmに合わせます。

❷ ▶▶▶

敷地境界から300mmに合わせます。

❸ ▶▶▶

床掘りし、敷設していきます。高さは先ほど施工した敷石Bから20mm下がりとなるため、水平器を橋渡し、その寸法を写真のように確認します。

❹ ▶▶▶

これまでと同様の手順で、敷石Aを敷設します。また、縁石の水糸を外し、通り（真っすぐかどうか）を確認します。

❺ ▶▶▶

縁石と敷石の敷設を終えた状態です。発生土がある程度出ています。築山のエリアにまとめて寄せておきます。

　敷石Aが敷設できたら、飛石の敷設作業に入ります。

　すでに施工した敷石Aを基準に位置と高さを合わせていきます。

　位置は敷石Aより120mm離れた配置となります。その他、飛石間の空きは寸法指定がないので120mm前後（こぶし一つ分）で互いの石の形に合わせて、ケンカしないよう合端は馴染みよく（平行な感じに）配石するように心がけましょう。

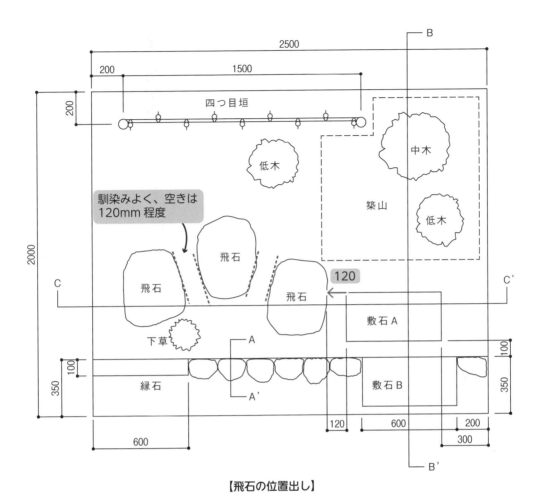

【飛石の位置出し】

❶ ▶▶▶ 飛石の表

びしゃん叩き仕上げになっています。表と裏を目視して、反対使いにならないように注意します。

❷ ▶▶▶ 飛石の裏

石を割りっぱなしの肌です。ものによっては機械切断したツルツルした面のものもあります。
この向きでは使いません。

❸ ▶▶▶

飛石を仮置きします。飛石は寸法の指定がほとんどなされていません。試験問題には「寸法を指定していない箇所は、平面図のような感じになるようにすること」とあります。定量的な表現がなく、施工のしづらさを感じるかもしれません。ただし、施工者（技能職）は設計者の意図を汲むスキルが必要ですし、自然の材料を扱う造園仕事の場合は図面と現物が異なることが常です。「平面図のような感じ」とあれば、現物の材料でそれを表現できるよう、研鑽を積んでください。

❹ ▶▶▶

飛石と飛石の合端の馴染みをよくするには、向かい合う石の面を平行な感じに向けると落ち着いたように見え、バランスよく配石できます。後は「平面図のような感じ」です。

❺ ▶▶▶

敷石Aの隣の飛石は120mmの位置に配置します。

❻ ▶▶▶

飛石もほかの石と同様に地面に位置をけがき、床掘りの位置を示します。

❼ ▶▶▶

敷石Aの隣から施工します。敷石と同様な手順で施工します。120mmを再度確認します。また、ちりは30mmで敷石Aと同じ高さですから、水平器を橋渡し、高さを合わせます。

❽ ▶▶▶

飛石の2石目です。これまでと同様に床掘りします。土を写真のように中高に盛り、石を戻し入れる準備をします。

❾ ▶▶▶

石を戻し入れ、高さを1つ目の飛石に合わせ調整します。その後、周囲に土を入れつき固めます。なるべく、ずり足で発生土を踏まないように注意します。

❿ ▶▶▶

飛石3石の敷設ができたら、改めて周囲を踏み固めつつ、高い地盤は写真のようにこうがい板で削りながら整地します。

⓫ ▶▶▶

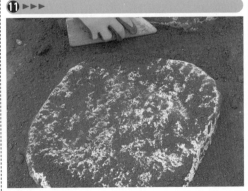

施工中は石の上に土がのってしまいます。後で掃除がしやすいよう、飛石を踏むことでのった土を固めることのないようにしましょう。

⑫ ▶▶▶

石作業が終わりました。

石の周囲の整地をある程度行い、地盤の極端な凹凸はここで解消しておくとよいです。

なぜなら、これにより発生土の土量が把握でき、築山作業にスムーズに移行できるからです。

予測される採点 Point …… 石編

① 縁石と敷石と飛石が水平か

ぱっと見で水平に見えていれば減点は少ないですが、明らかに水平が出ていない場合は技術不足とみなされ、減点対象となります。

→水平器をのせないとわからない傾きは許容と考えられる!

気にせず先に進みましょう。

※まずは目を養うためにも目視で水平を確認し、水平器は最後の確認程度に使用しましょう。

② 縁石と敷石と飛石の位置

平面図どおりの位置に施工できているか。

遣り方を正確に立て、敷地境界線と平行に施工できているか、また敷地境界線からの寸法があっているかなどがポイントとなります。気にすべき寸法は平面図にある石の位置を示す寸法(次図の破線で囲った数値)です。

→± 10mm までの位置のズレは許容と考えられる!

気にせず先に進みましょう。

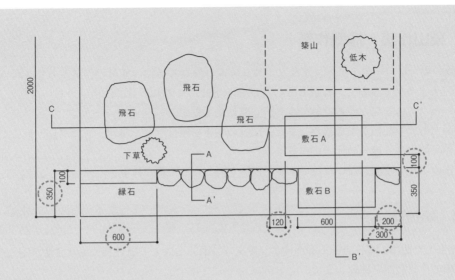

③ 縁石と敷石と飛石のちり寸法

ちりの寸法は、縁石と敷石 B が 50mm、敷石 A と飛石が 30mm です。

→ ± 10mm までの位置のズレは許容と考えられる！

気にせず先に進みましょう。

ただし、石周りの整地は精度高く行い、一定のちり寸法にすることが大切です。

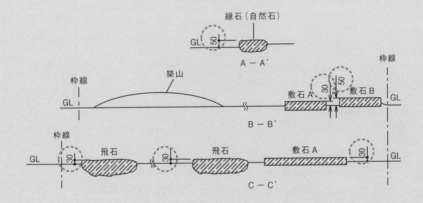

④ 広い視野で

施工に夢中になっていると視野が狭くなり、水平が出ていないことに気づきづらくなります。休憩しがてら、一歩引いて庭の全体を眺め、全体の寸法や水平具合を確認しましょう。

造園工事作業　2級編

6. 築山作業・植栽作業

2級の場合は、中木・低木・下草とボリュームの異なる植物の植付け作業があり、同時に築山を発生土の量に合わせ、作成しなければなりません。これらは寸法指示のない作業であり、全体のバランスを見ながら進めることが必要になります。

図面どおりの配植ができるか、また、植物の向きや植付け方、整地、清掃がしっかりできているかが問われる最後の仕上げ作業です。

最後の工程で時間がない状況ですが、植物も扱うので丁寧な作業を心がけましょう。

6.1 築山作業

「発生土を使用して、点線の範囲内に見映えよく設けること」と仕様にあります。
築山の作成範囲を確認します。

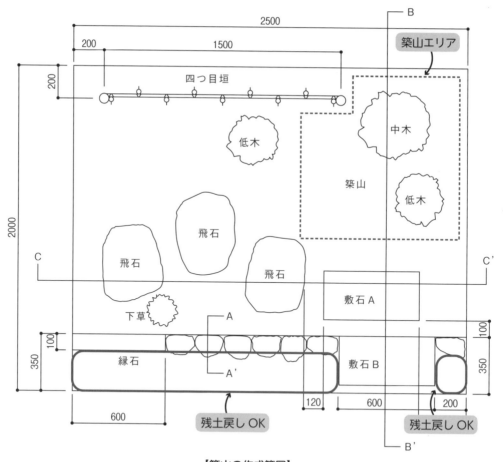

【築山の作成範囲】

上図の点線の範囲内から築山が出てはいけません。

注意点として、四つ目垣の柱や敷地境界の水糸に築山の一部がかかってはいけません。つまり、その部分は平らに整地されていなければならず、山と里の境目（築山の始まり）を明瞭に

する必要があります。

　図の実線の範囲内は発生土が多かった場合、土を戻し、整地してもよい場所になっています。

❶ ▶▶▶

石作業で発生した土です。
ここで発生土が多ければ、縁石の手前に土を戻し入れてもいいことになっています。

❷ ▶▶▶

発生土が多い場合はこの部分に戻し入れ、よく踏み固め、量を減らしましょう。縁石手前のちり寸法 5 ～ 10mm 程度は確保します。縁石より高さが出ないようにしましょう。

❸ ▶▶▶

2本目 →

ここが築山の製作範囲となります。
四つ目垣の右から 2 本目の立子が目印です。

❹ ▶▶▶

土はほぐされ、ルーズな状況だと見た目の量が多いため、築山を踏み固め、締まった土量を把握します。この際、大まかに築山の形を足袋で作っておきます。

❺ ▶▶▶

こうがい板も同時に利用し、築山の形を作っていきます。植栽作業の際に、土をまた崩すため、築山を完璧に仕上げる必要はありません。

❻ ▶▶▶

高さは発生土の量により異なりますが、高すぎることのない安定勾配で築山を作成します。

❼ ▶▶▶

敷地境界周辺

柱の周辺

Point※ 四つ目垣の柱や敷地境界の近くは築山がかかったり、はみ出したりしてはいけない
場所です。
しかし、築山作成範囲に近く、干渉してしまうことが予測されます。
築山を作成するときはこの範囲を意識して作業しましょう。

❽ ▶▶▶

このように築山を作成します。これで築山の範囲、平面形状、高さがある程度決まります。高さが
決まることで、築山の中に入る植物の高さが決められるようになります。形は自由です。

⇒詳細は p.29 ～ 31 参照

6.2 | 植物の植付けと築山の仕上げ

「枝ぶりを生かし、平面図のような感じになるように植栽すること」と仕様にあります。

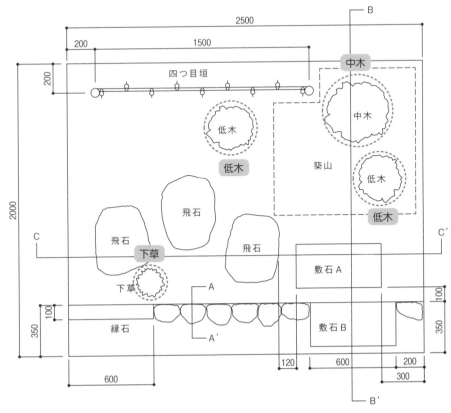

【植物の植付け位置】

最初に植物の個数と位置を確認します。

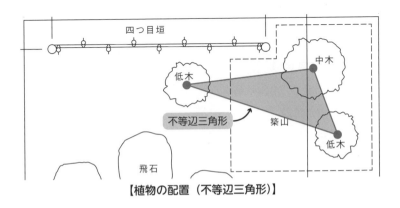

【植物の配置（不等辺三角形）】

　図面を読み込むと、中木と低木の計3本で構成されていることがわかります。この3本を結ぶと不等辺三角形になります。

Point ❀ 不等辺三角形に配植する。

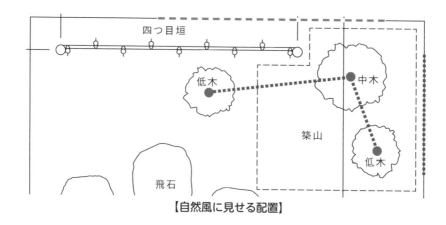

【自然風に見せる配置】

　さらに図面を読み込むと、破線で示した不等辺三角形の辺と敷地境界線が平行にならないような配置になっています。これらを意識することでより自然風に見え、バランスがよくなります。

Point ✿ 不等辺三角形の辺を敷地と平行にしない。

【完成時の植物の配置】
　写真のように不等辺三角形に配置します。図面をよく確認して施工しましょう。

❶ ▶▶▶

すべての植物を仮置きし、図面どおりの位置になっているかを確認します。また、植物の向きも考慮します。植物を回転させ、見映えのいい向きを決めます。手順は、主木が中木になるので中木→低木→下草の順で場所・向きを決めていきます。植物が自立しなければ、剣スコでひと堀りして立たせ、見映えのよいバランスを検討します。

⇒詳細は p.31 ～ 34 参照

❷ ▶▶▶

植物の位置が決まったら、主になる中木から植え付けます。築山の高さと根鉢の高さを見て、深植え・浅植えのないように堀り、深さを決めて植え付けます。

❸ ▶▶▶

一度作った築山への堀穴は限定的に丁寧に掘り、場を荒らさないようにします。植物を植穴に入れ、高さを揃え、土を寄せます。

造園工事作業　2級　編

④ ▶▶▶

低木も植え付け、地盤を整えます。植栽作業の発生土は全体に均すか築山に含めましょう。

⑤ ▶▶▶

竹垣前の低木は平面図に合わせ、右から数えて、4本目の立子の前に位置します。

⑥ ▶▶▶

さらに築山を整えます。築山のスソ部分の始まりがわかるよう、地模様を明瞭に表現しましょう。

⑦ ▶▶▶

築山がかかりやすい竹垣の柱周辺は意識して平らに整地します。

⑧ ▶▶▶

次に、下草を植えます。下草の葉が飛石など歩く園路にかぶらないように注意して、平面図で指示がある位置にならって配置します。

❾ ▶▶▶

植物が入り、築山が仕上がった状態です。

予測される採点 Point …… 築山編

① 築山が点線の範囲内にあるか
　特に、柱や敷地境界に築山がかかっていないように注意します。

② 築山が見映えよくできているか
　形状は自由ですが、平面形状は複雑な形にしないこと。しかし、真ん丸やきれいな楕円形にならないよう、自然な曲を表現してみてください。立面形状は急勾配にならないよう、崩れそうに見えない安定感のある勾配で築山を作成しましょう。

予測される採点 Point …… 植栽編

① 植物の配置

　自由配置ではないので、図面に忠実に植物が配植されているかが求められます。

　ただし、配置が不等辺三角形になっているかどうか意識して作業してください。

② 植物の向き

　中木、低木の向きが庭の正面である見付けから見て、見映えよく決まっているか。

⇒詳細は p.32 ～ 33、p.141 ～ 142 参照

③ 中木・低木の植付け

　深植え・浅植えになっていないか。植物が不自然に傾いていないか。

7. 整地と清掃

　最も大切な作業です。これまでの作業が上手にできていても、整地と清掃ができていなければ合格にはたどり着きません。作業も終盤で、時間も体力もないところですが、なるべく時間をかけて丁寧にやりたい作業です。⇒詳細は p.34 ～ 36 参照

❶ ▶▶▶

石の上にのった土を掃いたり、地盤の足跡を消したりするのにほうきを使います。

❷ ▶▶▶

ちり周りなどは、こうがい板を用いて土を均しながら竹垣・石・植栽のキワを整地しましょう。

❸ ▶▶▶

足跡も消しながら整地し、仕上がったところには戻らないようにします。庭を一筆書きするように後ずさりしつつ整地します。

❹ ▶▶▶

飛石周りも同様に整地します。

❺ ▶▶▶

石の周辺はちりを確認しながら整地します。

❻ ▶▶▶

整地をきちんと行うと、石が際立ちます。

❼ ▶▶▶

築山の周辺です。土の上に足跡が残っているので、手ぼうきで消すように掃きます。

❽ ▶▶▶

足跡をほうき目に変えていきます。また、敷地内だけではなく、敷地外の20cm程度は整地しておくことが望ましいでしょう。

造園工事作業　2級　編

予測される採点 Point …… 整地・清掃編

① **石の上がきれいか**
　石の上に土がのったままでは仕上がったことになりません。よく掃き掃除をしてください。

② **石の周りがきれいに整地されているか**
　石のキワがきれいに整地できていると、石が際立ち、冴えて見えます。
　竹垣の柱や立子周りや植物の周囲も同様に整地しましょう。

③ **ゴミの処理**
　竹垣作業時の丸太やシュロ縄のゴミは敷地外にまとめてあるか。

④ **地模様の表現**
　築山の地模様が明瞭に表現されているか（築山の始まりがどこからかわかるか）。

⑤ **整地**
　敷地内だけではなく敷地外に向かって20cm程度は整地しておくことが望ましい。

【2級完成例その1】

【2級完成例その2】

【2 級完成例その 3】

【2 級完成例その 4】

造園工事作業　2級　編

2級 判断等試験

1. 判断等試験の概要

樹木の枝を見て、その樹種名を判断し、樹種名一覧の中から選ぶ試験です。

樹木全体の樹形ではなく花や実のついていない植物の切り枝数 10cm を観察し、鑑定して短時間で樹種名を判断する能力が問われます。

【判断等試験の概要】

受験する級	試験時間	出題数	出題範囲
1 級	10 分	20 種	161 種
2 級	7 分 30 秒	15 種	115 種
3 級	5 分	10 種	60 種

※ 1 樹種あたりの解答時間 30 秒

2. 判断等試験の心構え

本検定を受検する方々は植物相手の仕事に従事している、あるいは、これからそういった仕事に就こうと考えている方々だと思います。植物は一緒に仕事をするパートナーですから、しっかり名前を覚えて、彼らを知っていきましょう。

植物が好きでも名を覚えることへの苦手意識が高い方は大勢います。遠くからケヤキの立木を見て判断できても、枝 1 本となるとケヤキなのかムクノキなのか見分けがつかないという方も多いでしょう。まずは興味のある植物から、形が美しいと感じる植物から、記憶していきましょう。持ち運びのできる図鑑もたくさん発行されています。試験前は図鑑を傍らに、**通勤通学で出会う植物たちをすべて名指しできるよう**練習を重ねてください。

判断等試験は学科試験ではなく実技試験に含まれ、配点は 20 点です。製作等作業試験（庭づくり）の配点は 80 点ですが、作業で一つもミスをせず満点を取ることは非常にハードルが高いです。しかし、判断等試験は知っていればミスすることはありません。したがって、ここで**高得点（満点）をねらいましょう。**

出題される樹種が公開されているため、あらかじめ対策を取ることができます。すでに知っている樹種は個体差があっても見分けられるようにしておきましょう。まだ同定（名を判断）できない樹種は図鑑を片手に植物園や公園へ行き何度も見て目に焼き付けて覚えましょう。

解答時間は 1 樹種 30 秒です。この時間内にすることは「同定作業→リストから樹種名の番号を探す→答案用紙へ記入」です。樹種名をリストから探し、解答するだけで 10 秒はかかります。したがって、「知っているのに名前が出てこない」「A 樹種か B 樹種まで絞れているが判別できない」は**致命的**です。樹木を見たらすぐに樹種を言葉にできるように声に出して練習して

みてください。

　枝葉を見るだけで樹種がわかるかを問う試験のため、葉に触れたり枝を持ったりすることができません。当然、葉をちぎり、においをかぐこともできません。花や実もついていない枝が出題されるので、受検者は**枝ぶり**、**葉序**（互生・対生）、**葉形**、**芽のつき方**、**毛や照りの有無**、**葉の色や大小**、**鋸歯**（葉の縁のギザギザ）、**葉柄の短長**、**針葉樹の気孔の特徴**などを頼りに**植物を同定**できるようにならなければなりません。

3. 試験当日のポイント

　試験当日、樹木の枝は両隣から見えないよう、衝立で仕切られた囲いの中に用意されています。公開樹種リスト（樹木名一覧）が配布され、手元でリストを見ながら解答用紙に記入します。解答方法は**樹種番号（数字）で解答**することになっています。**樹種名で解答すると誤答**となるので、注意が必要です。

　また、課題の枝の前には30秒しかいられません。逆にいえば、30秒間その場にいなければなりません。30秒経つとブザーがなり、次の枝の前に移動する仕組みです。樹種がすべてわかればいいのですが、目の前の樹種がわからない場合、**解答欄を空欄のままにしない**ことをおすすめします。空欄にしておくと、次の枝の解答を詰めて記入してしまい、最後の枝の解答をしたときに解答がずれていることに気づくことになるからです。A樹種かB樹種で迷っている場合はどちらかを、全く見当がつかなくても適当な数字を記入し、解答欄を空欄にしないよう努めてください。

　一日見て、樹種名がわからなければ、考えてもわかりません。わからなかった問題はきれいさっぱり忘れ、次の樹種に専念しましょう。時間に追われる試験なので、途中で解答を消したり訂正したりすることは混乱の原因になります。また、落ち着いて最後に解答を見直す時間は用意されていません。したがって、本当に正味30秒のみが勝負の時間になります。

4. 判断等試験の出題例

　枝や葉には、いろいろな特徴があります。自分なりに特徴をつかんでおくとよいでしょう。

　次ページで紹介する特徴はほんの一例です。さまざまな角度から特徴をつかんでおくことが有効です。

◎ 判断等試験のポイント

　各級により樹種が公表されています。庭木で用いる植物材料中心のリストになっています。全国で行われる試験のため、出題される樹種には地域性があります。関東地域を例にあげると、亜寒帯や亜熱帯の植物は出題される可能性は極めて低いです。

【関東地域で出題されにくい樹種（2級）】
亜寒帯〜：エゾマツ、エゾヤマザクラ、シラカンバ、ポプラ
亜熱帯〜：アカギ、アコウ、ガジュマル、デイゴ、モクマオウ、フクギ、リュウキュウマツ

造園工事作業　2級　編

❶ ▶▶▶ ヒサカキ

このような形で樹木の枝が出題されます。

ヒサカキは頂芽の形が特徴的です。

❷ ▶▶▶ ドウダンツツジ

車輪状（車軸状）に枝が展開する（1か所から何本も枝が出る）特徴があります。

❸ ▶▶▶ コナラ

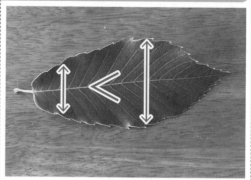

葉形が倒卵形（葉の中央よりも先端に近い側の幅が最も広くなる）という特徴があります。

5. 試験問題

2級造園（造園工事作業）
実技試験（判断等試験）問題

　次の注意事項に従って、提示された15種類の樹木の枝葉の部分を見て、それぞれの樹種名を別表「樹種目一覧」の中から選び、その番号を解答欄に記入しなさい。

1　試験時間

7分30秒

※いずれの樹木も、枝葉の部分1本の判定時間は、30秒です。

2　注意事項

(1)　係員の指示があるまで、この表紙はあけないでください。

(2)　試験問題と解答用紙には、受検番号および氏名を必ず記入してください。

(3)　係員の指示に従って、この試験問題が表紙を含めて、2ページであることを確認してください。

(4)　各樹木の解答ができあがっても、試験時間の終了の合図があるまでは、その場所に待機するものとし、合図があったら直ちに次に進んでください。

(5)　試験終了後、試験問題と解答用紙は、必ず提出してください。

(6)　レンギョウ、シナレンギョウおよびチョウセンレンギョウのいずれかがあった場合、No.114「レンギョウ類」として解答用紙にその番号を記入してください。

(7)　解答用紙の※印欄には、記入しないでください。

(8)　試験中は、携帯電話、スマートフォン、ウェアラブル端末などの使用（電卓機能の使用を含む）を禁止とします。

(9)　試料には、触れないでください。

受検番号	氏　　　名

造園工事作業　2級編

別表「樹種名一覧」

ア	1	アオキ	キ	30	キョウチクトウ	セ	59	センリョウ	ヒ	88	ヒヨクヒバ（イトヒバ）
	2	アカギ		31	キンモクセイ	ソ	60	ソメイヨシノ		89	ピラカンサ
	3	アカマツ	ク	32	クスノキ	タ	61	タイサンボク	フ	90	フクギ
	4	アコウ		33	クチナシ		62	タブノキ		91	ブラシノキ
	5	アジサイ		34	クヌギ	チ	63	チャボヒバ		92	プラタナス
	6	アセビ		35	クロガネモチ	テ	64	デイゴ		93	ブルーベリー
	7	アベリア		36	クロマツ	ト	65	トウカエデ	ヘ	94	ベニカナメモチ
	8	アラカシ	ケ	37	ゲッケイジュ		66	ドウダンツツジ	ホ	95	ボケ
イ	9	イチイ		38	ケヤキ		67	トキワマンサク		96	ポプラ
	10	イヌシデ	コ	39	コウヤマキ		68	トチノキ	マ	97	マサキ
	11	イヌツゲ		40	コデマリ		69	トベラ		98	マテバシイ
	12	イヌマキ		41	コナラ	ナ	70	ナツツバキ		99	マンサク
	13	イロハモミジ		42	コブシ		71	ナナカマド		100	マンリョウ
ウ	14	ウバメガシ	サ	43	サカキ		72	ナンテン	ム	101	ムクゲ
	15	ウメ		44	ザクロ	ニ	73	ニシキギ		102	ムクノキ
エ	16	エゴノキ		45	サザンカ		74	ニセアカシア	メ	103	メタセコイア
	17	エゾマツ		46	サツキツツジ	ネ	75	ネズミモチ	モ	104	モクマオウ
	18	エゾヤマザクラ		47	サルスベリ		76	ネムノキ		105	モチノキ
	19	エノキ		48	サワラ	ハ	77	ハギ		106	モッコク
	20	エンジュ		49	サンゴジュ		78	ハクモクレン		107	モモ
オ	21	オオデマリ	シ	50	シダレヤナギ		79	ハナカイドウ	ヤ	108	ヤブツバキ
カ	22	カイズカイブキ		51	シマトネリコ		80	ハナスホウ		109	ヤマブキ
	23	カクレミノ		52	シモツケ		81	ハナミズキ	ユ	110	ユキヤナギ
	24	ガジュマル		53	シャリンバイ	ヒ	81	ヒイラギ		111	ユズリハ
	25	カツラ		54	シラカシ		83	ヒイラギナンテン		112	ユリノキ
	26	カヤ		55	シラカンバ		84	ヒサカキ	ラ	113	ライラック
	27	カリン		56	ジンチョウゲ		85	ヒノキ	レ	114	レンギョウ類※
	28	カルミヤ	ス	57	スギ		86	ヒマラヤスギ	ロ	115	ロウバイ
	29	カンヒザクラ		58	スダジイ		87	ヒメシャラ			

※ レンギョウ、シナレンギョウおよびチョウセンレンギョウのいずれかがあった場合、No.114「レンギョウ類」として解答用紙にその番号を記入してください。

2級学科試験は全50題が出題され、真偽法（○×問題）25題と多肢択一法（4択問題）25題です。過去問から多く出題される傾向があるため、過去問題をひととおり記憶する程度に対策を行い、対応できるようにしましょう。

【学科試験の概要】

受験する級	試験時間	出題数	回答方法（マークシート）
1 級	1 時間 40 分	50 題	真偽法 25 題 多肢択一法 25 題
2 級	1 時間 40 分	50 題	真偽法 25 題 多肢択一法 25 題
3 級	1 時間	30 題	真偽法 30 題

A 群（真偽法）

造園工事作業　2級　編

番号	問　題
1	潮入りの庭とは、砂紋を描いて海景を表現した庭をいう。
2	蹲踞や手水鉢には、必ず筧（かけひ）が設けられている。
3	袖垣は、建物の壁面から庭に向かって袖状に短い垣を突出させたものである。
4	くり針は、主として、四つ目垣の胴縁と立子をシュロ縄で化粧結びをするのに使用する。
5	チルホールは、石工事のときの石割りに使用する工具である。
6	造園工事の施工順序は、一般に、次のとおりである。 　地割工　→　盛土・粗整地工　→　石組工　→　植栽工　→　芝張工
7	施工計画を作成する際には、一般に、設計図書に基づき標準的な工事種別の項目を整理する必要がある。
8	樹木の根回しで環状剥皮（はくひ）をする場合は、形成層（あま皮）を残すほうがよい。
9	常緑広葉樹を掘り取る場合は、一般に、振るいにするとよい。
10	シラカシの剪定の時期は、冬期がよい。
11	切りつめ剪定とは、樹形を小さくしたり、樹木を一定の大きさに維持するために伸びすぎた枝を切り縮めて形を整える手入れをいう。

12	マサキモザイク病は、肥料不足により発生する。
13	庭石をワイヤロープを使って吊り上げる場合、浅絞りにして吊り上げるとロープが外れにくく、深絞りよりも安全に作業ができる。
14	普通れんがは、積み上げる前に水湿（みずしめ）ししておくとよい。
15	石積み工事の裏込めとは、石積みの石の下に栗石や砂利を入れて沈下を防ぐことである。
16	ナツツバキは、乾燥に強い樹木である。
17	ピートモスは、有機質土壌改良材として利用される。
18	メタセコイア、ガクアジサイおよびヤマモモは、いずれも外来樹である。
19	植土は、砂壌土よりも透水性に優れる。
20	地被植物には、木本性や草本性のものもある。
21	20m² の庭園平面図を描く縮尺には、1：70 が最も適している。
22	合成繊維巻尺は、鋼尺（スチールテープ）よりも精密性を要する測量に適している。
23	都市公園法関係法令によれば、県立の都市公園の区域内で博覧会や展示会の仮設工作物を設けて占用しようとするときは、県知事の許可を受けなければならない。
24	労働安全衛生法関係法令によれば、脚立は、脚と水平面との角度を 75° 以下として使用しなければならない。
25	チェーンソーを用いて行う立木の伐木には、当該業務に関する安全または衛生のための特別教育は必要としない。

🔄 A群（真偽法）の解答・解説

1　✕　**潮入りの庭**とは池泉に**海水**を導入する手法をいい、**砂紋**とは**枯山水**で水の景色を表現したもののことをいう。

2　✕　必ず筧があるものではない。

3　○　建築物の壁から庭に向かって袖状に突き出た短い垣根のことである。

4　✕　くり針は、建仁寺垣など、竹と竹の隙間が狭いときに**縄通し**として使用する道具のことである。

5　✕　携行用の手動ウィンチであり、**重量物を引く**ときに使用する。

6　○　地盤→石・構造物→植栽の順が一般的である。

7　○　施工計画は設計図書に基づいて工事種別の項目を検討し、施工方法、工程、安全対策、環境対策など必要な項目について立案する。

8　✕　根回しとは植物の根を切断したり、環状剥皮したりすることにより、根鉢サイズで新しく発根させておいて、移植時の成功率を上げることをいう。形成層を残すと剥皮部分において傷口が治癒してしまい、発根が促されない。

9　✕　振るいとは植物を掘り上げた後、根周辺の土をほとんど落とすことで、冬場に休眠中の**落葉広葉樹**が耐えうる手法である。基本的には土を落とさず**根巻**することが望ましい。

<u>10</u> × シラカシは常緑広葉樹のため、冬場の剪定には不向きである。**春や秋**が適期となる。その他、樹木全般には真夏の強剪定も避けるべきである。

<u>11</u> ○ 問題文のとおりである。切りつめた枝の頂芽（最上部の芽）が外芽になるようにすると、剪定後、自然な樹形を維持しやすい。

<u>12</u> × モザイク病は**ウイルス**の伝染が原因である。

<u>13</u> × 絞りが浅いとワイヤロープ（台付け）が外れやすいので非常に危険な状態となる。また、絞りを深くするとワイヤロープには強い荷重がかかるが、自然石を吊る場合は落下防止の観点から**深絞り**とする場合が多い。

<u>14</u> ○ れんがをモルタルで組積する際、れんがの水湿しをしておかないと積んだ瞬間にモルタルの水分がれんがへ吸い込まれてしまうため、必ず水湿しを行う。

<u>15</u> × 裏込めとは石積みの**背面**に入る割栗石や砂利、コンクリートなどのことで、石積みを安定させるために入れる。**地業工事**のひとつである。

<u>16</u> × 冷涼な深山に生え、根が浅いため、直射日光や土壌の乾燥に**比較的弱い**樹種である。

<u>17</u> ○ ピートモスはミズゴケなどを中心に湿地の植物が原材料となるため、保水性の豊かな有機質土壌である。また、強酸性のため、酸度調整にも使用されている土壌改良剤である。

<u>18</u> × メタセコイアは中国、ガクアジサイは日本、ヤマモモは中国と日本が原産地である。

<u>19</u> × 砂土→砂壌土→壌土→埴壌土→埴土の順で粘土の含有量が増えていく。したがって、砂壌土のほうが透水性に優れる土性をもっている。

<u>20</u> ○ 地被植物とは地面を覆うように生育する植物のことで、ヤブコウジ、セイヨウイワナンテンなどが木本性、ジャノヒゲ、カキドオシなどが草本性である。

<u>21</u> × 一般的な住宅の庭園は1：100が多いが、20m² などの小規模の庭園は1：50の縮尺でもよい。問題文の1：70は一般的に用いられない縮尺である。その他、一般的な尺度としては、1：10、1：20などの詳細図、1：200、1：300などの大規模庭園平面図があげられる。

<u>22</u> × スチールテープは若干伸縮があるが精度が高く、合成繊維巻尺に比べ、機密を要する測量に適している。

<u>23</u> ○ 都市公園法第6条により、都市公園を占用する場合は**公園管理者**の許可を受けなければならない。公園管理者とは地方公共団体の設置に係る都市公園にあっては**当該地方公共団体**が、国の設置に係る都市公園にあっては**国土交通大臣**が行う。

<u>24</u> ○ 労働安全衛生規則第528条に脚立について記載がある。その一つに、脚と水平面との角度を **75° 以下**とし、かつ、折りたたみ式のものは、脚と水平面との角度を確実に保つための金具などを備えることとある。

<u>25</u> × 労働安全衛生規則第36条に特別教育を必要とする業務について記載がある。チェーンソーを用いて行う立木の伐木、かかり木の処理または造材の業務に労働者をつかせるときは、当該業務に関する**特別な教育を行う**ことが義務づけられている。加えて、同規則第485条により、作業に従事する者の下肢とチェーンソーとの接触による危険を防止するため、当該作業に従事する者に下肢の切創防止用保護衣を着用させることとなっているので合わせて確認されたい。

造園工事作業　2級　編

B群（多肢択一法）

番号	問　題
1	枯山水庭園の特徴として、誤っているものはどれか。 　イ　石組と白砂 　ロ　一面の白砂 　ハ　白砂青 松（はくしゃせいしょう） 　ニ　枯滝石組
2	茶庭に関する記述として、誤っているものはどれか。 　イ　茶室と共に設ける。 　ロ　茶事の使い勝手を考慮してつくる。 　ハ　心字池（しんじいけ）を必要とする。 　ニ　狭い面積でもつくることができる。
3	庭石の部分の名称でないものはどれか。 　イ　天端（てんば） 　ロ　見付き 　ハ　見込み 　ニ　石の勢い
4	生垣の刈込みに使用する機器として、適切なものはどれか。 　イ　チッパー 　ロ　チェーンソー 　ハ　ブロワー 　ニ　ヘッジトリマー
5	固い地面を掘り起こしたり岩石を掘削したりする道具として、一般に、最も適切なものはどれか。 　イ　スコップ 　ロ　ツルハシ 　ハ　エンピ 　ニ　ジョレン
6	コウライシバの芝張り作業に関する記述として、正しいものはどれか。 　イ　張芝の時期として、夏の猛暑時期は避けたほうがよい。 　ロ　張芝の手順は、整地 → 芝の植付け → 潅水 → 転圧 → 目土（めつち）かけである。 　ハ　酸性の土壌では、あらかじめ石灰窒素で中和する。 　ニ　目土は、芝が完全に隠れるように土をかけるのがよい。
7	四つ目垣の作り方に関する記述として、誤っているものはどれか。 　イ　立子は、元口節止めとする。 　ロ　間柱と立子の高さは、同じとする。 　ハ　胴縁は、一段ごとに、元口、末口を交互に使う。 　ニ　立子の本数には、決まりがない。

8	植栽工事に関する記述として、誤っているものはどれか。
	イ　ケヤキを搬入したが、樹高が高すぎたので、深植えにした。
	ロ　マツを植えるときに、土ぎめ（つきぎめ）にした。
	ハ　カシを植栽した後に水鉢を設けた。
	ニ　搬入材のサツキの樹高が高すぎたので、植栽後、刈込みをして高さを揃えた。
9	樹木の支柱に関する記述として、誤っているものはどれか。
	イ　鳥居型支柱は、街路樹に多く使用される。
	ロ　八つ掛け支柱は、1本の支柱を打ち込んで使用する。
	ハ　布掛け支柱は、列植または寄せ植えされた一群の樹木に対して使用する。
	ニ　方枚支柱は、老大木の傾斜した幹や、横に伸びたり、下垂した大枝などを支えるために使用する。
10	生垣に使用する樹木の選定条件として、適切でないものはどれか。
	イ　下枝が枯れやすくても、珍しい品種であること。
	ロ　排気ガスなどの公害に耐えること。
	ハ　萌芽力が強くて、刈込みに耐えること。
	ニ　発育が旺盛で、病害虫の被害が少ないこと。
11	樹木の剪定に関する記述として、誤っているものはどれか。
	イ　樹勢の強い部分の枝は、強剪定をした。
	ロ　ひこばえ（やご）および徒長枝は、剪定した。
	ハ　平行枝およびからみ枝は、剪定した。
	ニ　ふところ枝は、剪定せずそのままとした。
12	チャドクガが、好んで食害する樹木はどれか。
	イ　モチノキ
	ロ　ヤマモモ
	ハ　ツバキ
	ニ　ソヨゴ
13	コンクリートブロック積み工事に関する記述として、一般に、適切でないものはどれか。
	イ　空洞コンクリートブロックは、通常、ブロック塀などに使われる。
	ロ　ブロック積みの前に、縦遣方をつくる。
	ハ　1日の積上げ高の上限は、2mとする。
	ニ　凝結を始めたモルタルは、使用しない。
14	左官工事に関する記述として、誤っているものはどれか。
	イ　良質の材料を使用して、調合を正確に行う。
	ロ　下地面は、必要に応じて、水湿しを行う。
	ハ　仕上げは、保護、養生に留意する。
	ニ　下塗り後は、乾燥を待たずに上塗りを行う。

造園工事作業　2級　編

159

15	コンクリートの締固めに使用される棒形振動機（バイブレータ）の使用方法として、適切なものはどれか。 　イ　型枠に当てながら使用する。 　ロ　鉄筋に当てながら使用する。 　ハ　引き抜くときは、一気に抜く。 　ニ　差し込むときは、鉛直に差し込む。
16	次のうち、一般に、やせ地に最も耐えることができる樹木はどれか。 　イ　ツバキ 　ロ　ニセアカシア 　ハ　ツツジ 　ニ　バラ
17	次のうち、陰樹はどれか。 　イ　アカマツ 　ロ　ネムノキ 　ハ　アオキ 　ニ　アメリカデイゴ
18	次のうち、春の花壇に使われる草花はどれか。 　イ　ケイトウ 　ロ　サルビア 　ハ　ヒガンバナ 　ニ　パンジー
19	文中の（　　　）内に当てはまる語句として、適切なものはどれか。 （　　　）肥料は、主に茎、幹、根を充実させる効果がある。 　イ　窒素 　ロ　りん酸 　ハ　カリ 　ニ　カルシウム
20	粘土含有量の最も多い土壌はどれか。 　イ　砂壌土 　ロ　植壌土 　ハ　壌土 　ニ　砂土
21	透視図に関する記述として、適切なものはどれか。 　イ　遠近を考慮して描かれている。 　ロ　施設寸法が、正確に読み取れる。 　ハ　一般に、植栽図として利用される。 　ニ　施設の位置が、正確に把握できる。

22	平板測量によって現場で描く測量図はどれか。 　イ　透視図 　ロ　立面図 　ハ　断面図 　ニ　平面図
23	次のうち、自然公園に分類されない公園はどれか。 　イ　国立公園 　ロ　国営公園 　ハ　国定公園 　ニ　海域公園
24	都市公園法関係法令によれば、都市公園の修景施設の組合せとして、正しいものはどれか。 　イ　陸上競技場、彫像 　ロ　花壇、ベンチ 　ハ　植栽、つき山 　ニ　門、噴水
25	熱中症対策に関する記述として、適切でないものはどれか。 　イ　定期的に水分および塩分を摂取できる準備をする。 　ロ　通気性のよい作業服を着用させる。 　ハ　通風または冷房設備を設ける。 　ニ　熱への順化のため、高温多湿作業場所にて、長時間作業を行わせる。

🔘 B群（多肢択一法）の解答・解説

1　ハ　白砂青松とは、白い砂浜に青々とした松によって形成された日本の美しい海岸の景色のことを指す。

2　ハ　心字池の多くは大名庭園などで盛んに取り入れられるなど、**大規模な庭園**で用いられた。したがって、深山幽谷の景を表現した茶庭には設けない。

3　ニ　石の勢いは部分の名称ではない。その庭石の形から連想される力の方向性のことで、石の**気勢**ともいう。

4　ニ　チッパーは剪定枝の破砕機械であり、チェーンソーは太枝の剪定などに用いる。ブロワーは掃除道具である。

5　ロ　すべて土に触れる道具だが、固い地面に適切なのはツルハシである。

6　イ　すべての植物にいえることだが、真夏の剪定や植付け作業は植物の負担になるため、避けたほうがよい。張芝の時期として、真夏に作業すると、根が活着する前に乾燥による被害が想定される。また、張芝後の散水に相当の手間がかかる。

7　イ　四つ目垣の立子に限らず、どのような竹垣でも竹の切断は**末口節止め**とする。

8　イ　深植えは二次根を発達させ、一次根を衰退させるので倒木の要因となりやすい。また、根も呼吸しづらくなるため、深植えは行ってはいけない。

9　ロ　八つ掛け支柱は、基本的には**3本**の丸太や竹を用いて支柱とする。

10　イ　生垣の用途は植物の枝葉で視線を遮蔽することなので、下枝が枯れやすく萌芽力のない植物は不適である。このことから一般に珍しさは二の次である。

<u>11</u> ニ　ふところ枝とは樹木の内部にある小枝のことである。内部（ふところ）なので日照が得られず、ほとんどが枯れてしまうため、基本的には切ってしまう。ただし、枝数が少ないときや方向のよいものは剪定せず残す場合もある。

<u>12</u> ハ　チャドクガは春と秋の年2回発生しやすい葉を食害する害虫であり、触れると強くかぶれることがある。**ツバキ科**の植物を食草とする。

<u>13</u> ハ　1日の積上げ高さの**上限は1.6m以下**とする。

<u>14</u> ニ　下塗りは**十分に乾燥**させて強度を発生させる。その後、中塗り・上塗りに入る。また、下塗りは付着や強度を強くするため、配合をよくし（セメントを多くし）富調合とする。

<u>15</u> ニ　バイブレータを斜めに差し込むと、コンクリートの後に打設した上層部と先に打設した下層部が不均一となり、コールドジョイントの原因になる。所定の深さまでバイブレータが届くように**鉛直**に差し込むのが基本である。

<u>16</u> ロ　**ニセアカシア**はマメ科植物であり、根粒菌と共生している。そのため、窒素固定能力があり、**やせ地や砂地でもよく育つ**。株が充実して大きくなると、横に伸びた根の先から芽が出るとともに、実生による増殖も盛んで植栽場所には注意が必要である。

<u>17</u> ハ　**アオキ**は陰樹の代表的な種であり、森林の中の弱い光が差し込む環境でも育つことができる。

<u>18</u> ニ　ケイトウ、サルビアは夏、ヒガンバナは秋、パンジーは冬〜春に開花する。

<u>19</u> ハ　窒素は葉に、りん酸は花や実に、カリは茎や根に主に効く肥料とされている。

<u>20</u> ロ　**砂土→砂壌土→壌土→埴壌土→埴土**の順で粘土の含有量が増えていく。

<u>21</u> イ　**透視図**はパースとも呼ばれ、ほかの図面と比べ、寸法や位置が正確に読み取れない。一方で、**遠近感が考慮された図面**のため、誰でも完成のイメージができる。庭の提案時に大変有効な図面となる。

<u>22</u> ニ　平板測量は現場の**平面的**な地形や構造物などを直接紙に図示していく測量のことである。

<u>23</u> ロ　自然公園法において国営公園は自然公園に分類されていない。

<u>24</u> ハ　植栽、花壇、噴水、その他（彫刻、つき山など）を修景施設としている。陸上競技場は運動施設、ベンチは休養施設、門は管理施設に分類されている。

<u>25</u> ニ　暑さへの順応は必要だが、長時間にわたり高温多湿の環境で作業することは最も熱中症につながる環境である。決して行わせるものではない。

造園工事作業

1級編

1級

製作等作業試験

1. 試験問題

1級造園（造園工事作業）
実技試験（製作等作業試験）問題

　次の注意事項および仕様に従って、指定された区画内に施工図に示す竹垣製作、蹲踞・飛石・延段敷設、景石・植栽配置および小透かし剪定作業を行いなさい。

1　試験時間
　　　標準時間　　　　3時間
　　　打切り時間　　　3時間30分

2　注意事項
(1) 支給された材料の品名、寸法、数量などが、「4　支給材料」のとおりであることを確認すること。
(2) 支給された材料に異常がある場合は、申し出ること。
(3) 試験開始後は、原則として、支給材料の再支給をしない。
(4) 使用工具などは、使用工具等一覧表で指定した以外のものは使用しないこと。
(5) 試験中は、工具などの貸し借りを禁止とする。
　　なお、持参した工具などの予備を使用する場合は、技能検定委員の確認を受けること。
(6) 作業時の服装などは、安全性、かつ、作業に適したものとする。ただし、熱中症のおそれがある場合は、技能検定委員の指示により、保護帽（ヘルメット）は、着用しなくても構わない。
　　なお、作業時の服装などが著しく不適切であり、受検者の安全管理上、重大なけが・事故につながるなど試験を受けさせることが適切でないと技能検定委員が判断した場合、試験を中止（失格）とする場合がある。
(7) 標準時間を超えて作業を行った場合は、超過時間に応じて減点される。
(8) 作業が終了したら、技能検定委員に申し出ること。
(9) 試験中は、試験問題以外の用紙にメモしたものや参考書などを参照することは禁止とする。
(10) 試験中は、携帯電話、スマートフォン、ウェアラブル端末などの使用（電卓機能の使用を含む）を禁止とする。
(11) 工具・材料などの取扱い、作業方法について、そのまま継続するとけがなどを招くおそれがあり危険であると技能検定委員が判断した場合、試験中にその旨を注意することがある。
　　さらに、当該注意を受けてもなお危険な行為を続けた場合、技能検定委員全員の判

断により試験を中止し、かつ失格とする。ただし、緊急性を伴うと判断された場合
は、注意を挟まず即中止（失格）とすることがある。

3 仕様

3.1 竹垣

(1) 竹垣製作は丸太柱の埋込み、胴縁、立子かきつけ、押縁および玉縁（笠木）の順に
行うこと。

(2) 丸太柱は、埋込み部分の防腐処理をしなくてよいが、天端は、切り揃えること。

(3) 胴縁は、丸竹で使用すること。

(4) 押縁および玉縁は、詳細図に示すように唐竹二つ割りとすること。

(5) 胴縁および押縁の柱つきは、節止めとし、元末を交互使いとし、胴縁は、丸太柱に
くぎ止め、間柱にシュロ縄を2本使いでくい掛けとすること。
なお、上段の胴縁は、元節止めとする。

(6) 玉縁については、元節止めとすること。

(7) 立子は、詳細図に示すように左からかきつけ、始まりの3枚は、末を上にすること。

(8) 立子と胴縁との結束は、シュロ縄を1本使いでかきつけること。

(9) 押縁の結束は、詳細図のような位置にシュロ縄を2本使いでねじれいぼ結びとし、し
りをいぼの上端から40mmに切り揃えること。

(10) 玉縁の結束は、詳細図のような位置にシュロ縄を3本使いで頭の出が玉縁の上端か
ら70mmのとっくり結び・ねじれいぼとし、返しを入れ、玉縁の上端から下がり
150mmに切り揃えること。

3.2 蹲踞、飛石、延段の敷設

(1) 蹲踞、飛石および延段敷設で寸法を指定していない箇所は、平面図のような感じに
なるようにすること。

(2) 蹲踞の海は、前石を基準として深さを決め、砂で仕上げ、水門石4石（延段用ごろ
た石を利用）を置くこと。

(3) ふち石（つなぎ石）の天端は揃えること。

(4) 延段の目地は、土ぎめとすること。

(5) 筧は、施工図に示すように設置すること。

(6) 関守石は、平面図の位置に置くこと。

(7) 掘り出した土は、区画内の整地に使用すること。

3.3 景石および植栽自由配置

下記の景石、樹木および下草をすべて使用し、平面図の　………… 　で囲われた空間
に各自自由に作庭すること。

(1) 石は、安定した景に据えること。

(2) 植栽は、枝ぶりをいかした自然形とし、中木以外は剪定しないこと。

(3) 植栽に当たっては、本来ならば水鉢を設けるところであるが、本試験においては、水
鉢を設けないこと。

3.4 小透かし剪定

3.3のすべての植栽終了後、植栽した中木に対して、小透かし剪定をすること。ただ
し、樹木の特性をいかして自然樹形に剪定すること。

景石および植栽自由配置使用材料

品　名	寸法または規格	数　量	備　考
景　石	径 25 〜 45cm（大中小）	3　個	
中　木	モチ、シラカシ、サザンカなど H=1.5m 以上	1　本	剪定する前のもの
低　木	サツキツツジなど　H=0.3m、W=0.3m	2　株	
下　草	ヤブラン・オオバジャノヒゲなど タマリュウなど	14　株	3 芽立ち コンテナ径 10.5cm 5 芽立ち コンテナ径 7.5cm

3.5　発生土

　　各作業の発生土は、敷地内で自由に使用すること。

4　支給材料

（1）試験場で支給されるもの

品　名	寸法または規格	数　量	備　考
丸　太	末口 6cm、長さ約 1.5m	1　本	竹垣用
	末口 7.5cm、長さ約 1.6m	1　本	
唐　竹	7 本じめ（4 節上り、回り 18 〜 20cm）	1　本	押縁・玉縁用
	15 〜 20 本じめ（4 節上り、回り 7 〜 9cm）	1.5 本	胴縁用
山割り （割り竹）	長さ 90cm	1.08m 幅分	立子用
シュロ縄	径 3mm、長さ 25m（黒）	2　束	
く　ぎ	長さ 45mm	4　本	
	長さ 65mm	4　本	
水　鉢	径 35 〜 45cm、高さ 20 〜 25cm	1　個	水盤状のもの
台　石	径 25 〜 30cm 程度、厚さ 20cm 前後	1　個	
役　石	天端面 25cm 以上、高さ 30cm	2　個	手燭、湯桶用
	踏面 40 〜 45cm、厚さ 10cm 前後	1　個	前石用
飛　石	踏面 30 〜 35cm 程度、厚さ 10cm 前後	1　枚	
砂		若　干	
ごろた石	径 5 〜 25cm、厚さ 5 〜 25cm 前後	1m² 分	延段用、水門石用および蹲踞つなぎ石（ふち石）用（予備含む）
板　石	45cm × 30cm、厚さ 7cm 以上	1　枚	
景　石	径 25 〜 45cm（大中小）	3　個	
中　木	モチ、シラカシ、サザンカなど H=1.5m 以上	1　本	剪定する前のもの
低　木	ササキツツジなど H=0.3m、W=0.3m	2　株	
下　草	ヤブラン・オオバジャノヒゲなど	5　株	3 芽立ち コンテナ径 10.5cm
	タマリュウなど	9　株	5 芽立ち コンテナ径 7.5cm

(2) 受検者が持参するもの

品　名	寸法または規格	数　量	備　考
筧	こまがしら、径 7 〜 9cm、長さ 18cm	1　組	製作して持参すること
関守石	玉石、径 12 〜 15cm	1　個	製作して持参すること

造園工事作業　1級　編

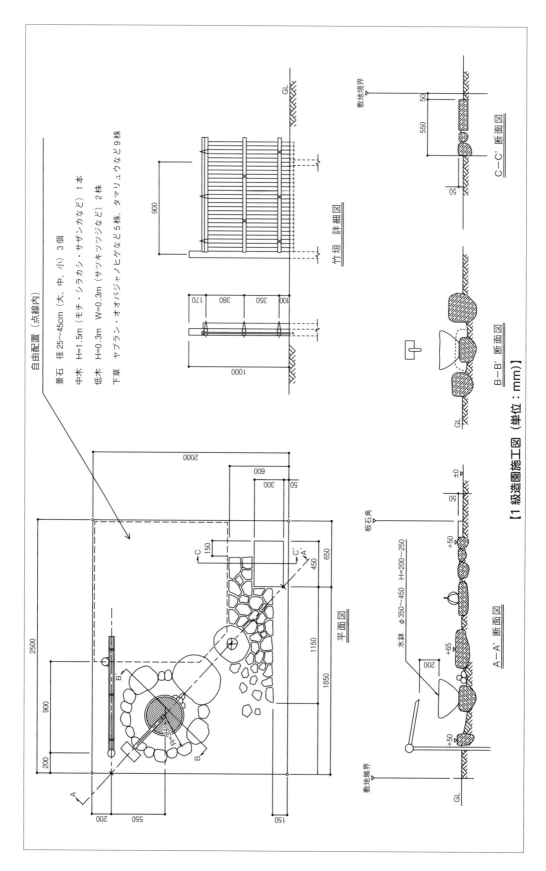

自由配置（点線内）

景石　径25〜45cm（大、中、小）　3個

中木　H=1.5m（モチ・シラカシ・サザンカなど）1本

低木　H=0.3m　W=0.3m（サツキツツジなど）2株

下草　ヤブラン・オオバジャノヒゲなど5株、タマリュウなど9株

竹垣　詳細図

900

1000

170　380　350　100

C−C' 断面図

550　50　50

敷地境界

B−B' 断面図

GL

A−A' 断面図

板石角

水鉢　φ350〜450　H=200〜250

±0

50

+50

+65

200

+50

敷地境界

GL

[1級造園施工図（単位：mm）]

平面図

2000

600　300　50

650

450　150

1150

1850

2500

900

200

200　550

150

C　C'

A'　A

B　B'

1級造園実技試験（製作等作業試験）使用工具等一覧表

1 受検者が持参するもの

※丸数字は p.170 の写真との対応を示す。

品　名	寸法または規格	数　量	備　考
巻　尺❶		1	
のこぎり❷		1	
竹ひきのこ❸		1	
金づち❹		1	
くぎしめ❺		1	
木ばさみ❻		必要数	剪定ばさみ❼も可
くぎ抜き❽		1	
ペンチまたはプライヤー❾		1	
き　り❿	三つ目きり	必要数	充電式ドリル⓫も可
木づち（このきり）⓬		1	
竹割り（竹割りがま）⓭		1	
くり針(曲がり針)⓮		1	
こうがい板(かき板)⓯	250 ～ 300mm	1	地ならし用
れんがごて⓰		必要数	地ごて⓱も可
かなじめ		1	必要に応じて持参可
目地ごて⓲		1	目地べらも可
くぎ袋⓳		1	
手ぼうき⓴		必要数	
箕（み）㉑		1	
水　糸㉒		必要数	糸巻㉓も可
水平器㉔		1	
スコップ㉕	剣スコ	必要数	両面スコップ㉖、移植ごて㉗、手ぐわも可
つき棒（きめ棒）㉘		1	
遣方杭（位置出し棒）		必要数	ピンポール㉙相当品
作業服など		一式	
保護帽（ヘルメット）㉚		1	
作業用手袋㉛		1	使用は任意とする。
鉛　筆㉜		必要数	
飲　料㉝		適宜	熱中症対策、水分補給用

(注) 1. 使用工具などは、上記のものに限るが、同一種類のものを予備として持参することは差し支えない。ただし、試験場の状態により、上記以外に持参する工具を指示された場合には、その工具を持参すること。

2. 充電式ドリルを持参する場合は、あらかじめ充電して持参すること。なお、バッテリーの予備の持参も可とする。

3. 持参する工具に計測できるような加工はしないこと。

4. 「飲料」については、受検者が各自で熱中症対策、水分補給用として、持参すること。

2 試験場に準備されているもの

品　名	寸法または規格	数　量	備　考
バケツ（水）		適宜	シュロ縄用

2. 工具と材料

2.1 ｜ 1級の持参工具

Point ❋ 会場についたらまず工具の展開です。工具を広げてもよいか検定委員に断りを入れ、早めに工具を展開しましょう。

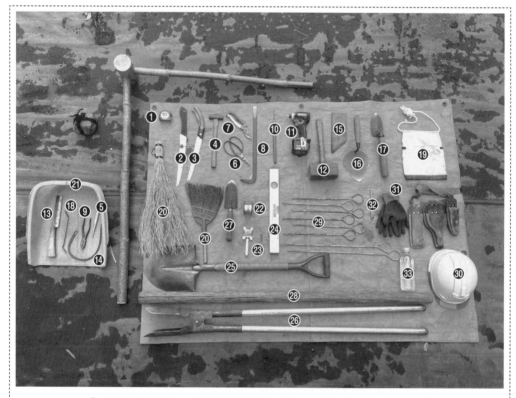

【1級造園実技試験（製作等作業試験）使用工具等一覧表にある工具】

　よく使い慣れたものを用意し、試験前日には不具合がないか個数（予備含む）を確認すること。

　また、工具を広げておくと道具が一目で確認できるため、工具を探す時間を短縮できます。試験会場によりますが、ここまで広く道具を展開するスペースの確保は難しいでしょう。会場のスペースに応じて対応してください。

⇒詳細は p.4 参照

1級の場合は 筧（かけひ）と関守石（せきもりいし）を受検者が**あらかじめ製作**し、**当日持参**しなければなりません。

❶ ▶▶▶ 筧の製作

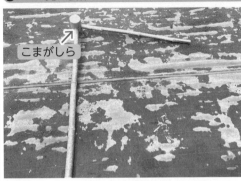

1 筧とは、手水鉢に水を落とす給水設備です。

2 こまがしらを作成します。丸太は径７～９cmのものを使用します。

3 丸太の節や割れを避け、加工する位置を決めます。こまがしらの長さは**18cm**です。穴をあける位置と切断する位置を記します。

4 竹（縦樋、横樋）の入る位置の穴あけ作業を行います。
作業しやすくするため、18cmに切断する前に穴あけ加工をしましょう。

5 インパクトドライバーに太めのキリをつけ加工します。細いキリで加工する場合、数か所に穴をあけ、ノミで穴を大きくします。

6 2か所がつながるように、加工します。縦樋と横樋に角度がつきます。穴どうしが80°程度でつながるようにします。

造園工事作業　**1級**　編

7 使用する唐竹の直径と穴の関係を見ます。

8 唐竹の形状に合わせて拡張する部分に印をします。

9 **丸のみ**です。この道具を使用して丸穴の拡張作業を行います。

10 丸のみを使用し、穴の拡張作業を進めます。

11 丸太を切断する前に、唐竹を入れつつ加工具合を確認します。

12 18cm で切断します。

13 切断した断面の縁を叩き、面取りします。

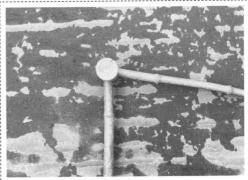

14 縦樋と横樋を入れ、完成です。
横樋の口先の加工は試験当日に行います。

❷ ▶▶▶ 関守石の製作

1 関守石は飛石などの園路上に置く、通り抜けを禁じる意味を示すものです。

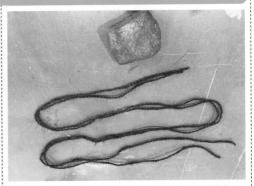

2 径12～15cmの石と一広半程度の長さで2本取りのシュロ縄を用意します。シュロ縄で十文字に結わえていくため、引っ掛かりのある石を選びましょう。三角形の石では縄が滑り、結いにくいです。

3 シュロ縄の真ん中あたりで一重に結ぶように輪を作るところから始めます。

4 この輪が関守石の底部になります。
動画のように縄をかけていきます。

動画

造園工事作業　1級　編

5 十文字に結びます。シュロ縄の絡みがないようにします。

6 持ち手になる部分を石だたみに編んでいきます。

7 関守石の底面です。このシュロ縄の形を想定し、4 の輪っかサイズを決めてください。

2.2 | 1 級の支給材料

Point 会場についたら工具の展開と合わせて材料の確認を行います。試験開始後の材料の交換はできません。試験開始前の時間に忘れずに水分補給もしておきましょう。

【1 級支給材料（竹垣・植栽）】

【確認事項】

・くぎなどの個数の確認
・丸太が大きく反っていないか、大きな割れが入っていないか
・竹の曲がりがひどくないか、また、割れが入っていないか
・シュロ縄の引き出し口がどこにあるか見つけておく
※交換が必要な場合は、試験開始前に検定員に申し出るようにしてください。
※試験開始前に最後の水分補給をしておきましょう。

【1級支給材料（石）】

　石材の使い勝手をイメージしておきましょう。蹲踞の台石、役石（手燭石、湯桶石）、景石に目星をつけておきます。また、飛石と役石（前石）も分けておきましょう。

- ・台石および役石：1面以上の平らな天端面（25cm以上）があること。
　　　　　　　　　　役石（手燭石、湯桶石）は高さ30cm程度のもの。
- ・景　　　石：25～45cmの石（台石および役石のように、広い平らな面はなくてもよい）。
- ・飛石および役石：役石（前石）のほうが飛石より格が高いため、サイズも大きく、ちりも高くなる。役石（前石）は踏面40～45cm、飛石は踏面30～35cm程度。
- ・水門石：ごろた石の中から小さいサイズで4石、目星を付けておく。

3. 竹垣作業（柱と胴縁）

　試験開始の合図がなったら、「お願いします！」という気持ちで試験に臨みましょう。緊張をほぐすために声に出してもいいと思います。

　1級の竹垣は建仁寺垣（一般では高さ1800mm）を低くした垣根となっており、足場にのらなくても作業ができるよう工夫されています。また、留柱がなく、躯体の柱が親柱と間柱で構成され、垣根が途中で切断されたような課題になっています。実際の現場ではない仕様となりますので、検定用として課題をとらえる必要があります。

　まず手に取るものは、**丸太2本・木づち・のこぎり**です。

3.1 | 丸太の切断と墨付け

Point ❖ 丸太を真っすぐに切断しましょう

❶ ▶▶▶

あらかじめマークされている、マジックの線と線の間を目測で2本とも切断します。

⇒詳細は p.6 ～ 7 参照

❷ ▶▶▶

1000

末口 7.5cm の丸太（親柱）の GL までの距離 1000mm をマークします。胴縁の位置の印は柱が建ってからマークします。

❸ ▶▶▶

880

末口 60cm の丸太（間柱）の GL までの距離は図面に表記がありません。玉縁をのせた際に、間柱が正面から見えない高さにしなければなりません。ここでは、間柱の天端から上段胴縁の中心位置までを 50mm としました。

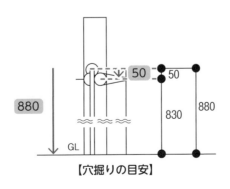

880　50　50　830　880　GL

【穴掘りの目安】

間柱の高さは親柱から導きますが、穴掘りの目安として **GL までの距離 880mm** をマークします。

造園工事作業　1級　編

④ ▶▶▶

50

間柱の天端から上段胴縁の中心位置までを 50mm とした結果、完成時に竹垣正面から見た際、間柱が玉縁で十分隠れる納まりとなりました。

3.2 丸太柱を建てる位置

　柱の切断を終えたら、ピンポールと巻尺を手に取り、柱の位置出し作業をしましょう。最初に施工する基準となる柱を**親柱**、もう一方を**間柱**と呼びます。

Point✿ ピンポールを立てる位置と距離を暗記しておきましょう。

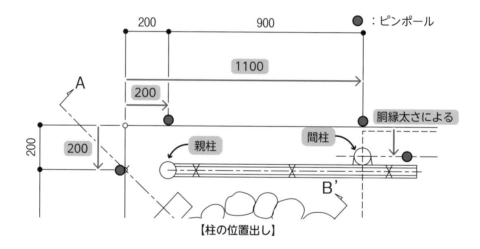

【柱の位置出し】

❶ ▶▶▶

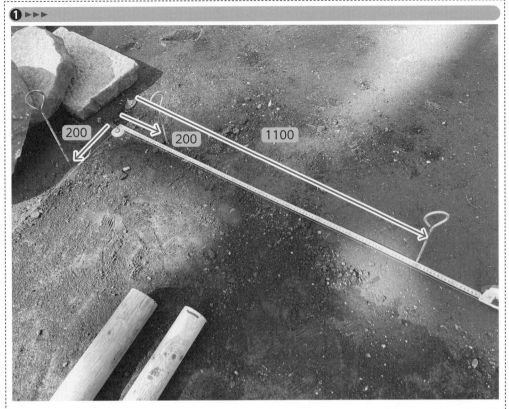

親柱の位置は敷地境界角から2方向にそれぞれ200mm、200mmです。巻尺で、1本目の柱（親柱）と2本目の柱（間柱）の位置を一気に測り、ピンポールを立てます。間柱の距離は1100mmです。立てるピンポールは敷地の内外どこでも構いません。

❷ ►►►

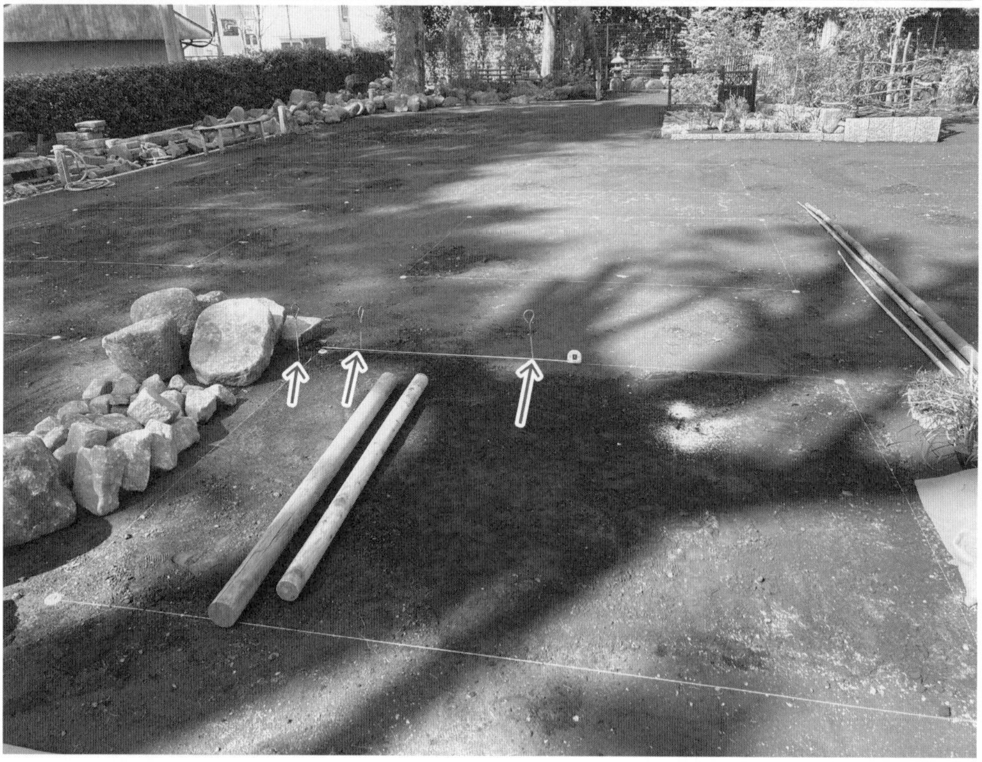

3 本のピンポール設置状況です。
この後、ピンポールを目印に柱を建てるため、ピンポールはできるだけ真っすぐ立てると柱位置の判断がしやすくなります。

3.3 丸太柱を入れる穴の床掘りと柱が建つまで

親柱から作業を進めます。この親柱を基準として竹垣を作っていきます。この柱が高さや位置の基準にもなるので、正確にしっかり立てましょう。

Point 穴の位置と深さと大きさに注意し、また、ダブルスコップの上手な使い方をマスターして効率よく掘削ができるよう練習しましょう。

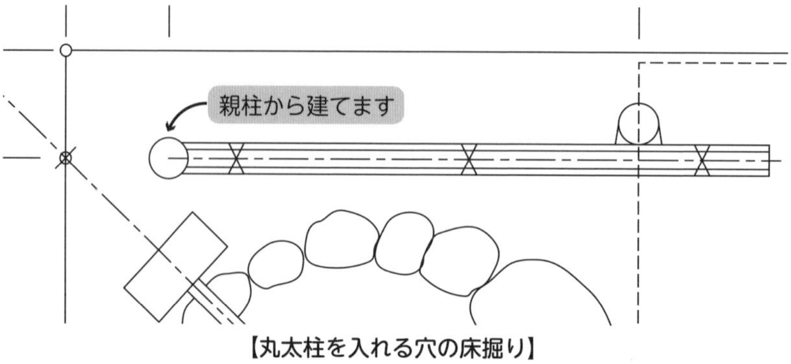

【丸太柱を入れる穴の床掘り】

ピンポールの位置を意識しながら掘り進めます。堀穴サイズは丸太直径 7.5cm に**プラスα（持参するつき棒が入る大きさ）**を意識して穴掘りします。⇒**詳細は p.8 〜 9 参照**

柱を建てる際は**高さ→位置→傾き**の順に調整し、はじめに親柱を立てましょう。⇒**詳細は p.9 〜 11 参照**

Point ※ 掘削した土は絶対に踏まない（地盤が凸凹になる）！

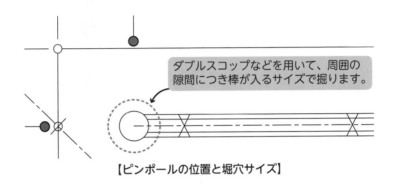

ダブルスコップなどを用いて、周囲の隙間につき棒が入るサイズで掘ります。

【ピンポールの位置と堀穴サイズ】

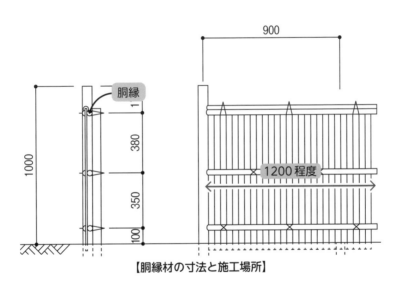

【胴縁材の寸法と施工場所】

竹垣詳細図より、胴縁材の寸法と施工場所・本数を確認します。

1200mm 以上の長さの**胴縁が 3 本**必要です。

間柱の位置は使用する胴縁のサイズによって決まります。したがって、施工にあたり、まず胴縁を切断し、現物の胴縁サイズに合わせて間柱の位置を決めます。また、支給された竹をどのように材料取りするか計画しておきましょう。これができていると、作業中、手が止まることがありません。考え方や手順をしっかり覚えておきましょう。

❶ ▶▶▶

胴縁用の唐竹は 1.5 本支給されます。長い 1 本の唐竹から胴縁を 2 本（①・②）、短い 0.5 本の唐竹から胴縁を 1 本（③）、切り出します。**真っすぐで素性のよい部分**を選びましょう。1200mm に 1 節分加えた長さを確保してください。④はクセが強く節間も短いため、切り捨てる材料となります。⇒詳細は p.13 〜 14 参照

❷ ▶▶▶

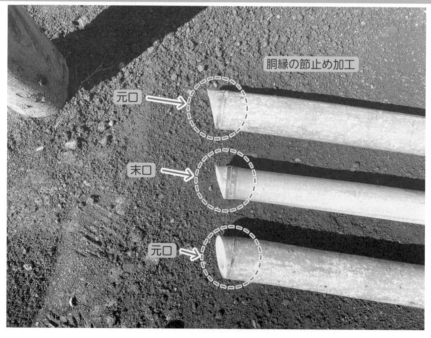

胴縁の節止め加工

元口

末口

元口

唐竹の切断は強度の都合上、**末節止め**にするのが大前提ですが、この竹垣は途中で切れている竹垣ということもあり、1 級の試験特有の**元節止め**を行います。親柱に付く竹はすべて節止めにするという考え方です。　　　　　　　　　　　　　　　　　　　　　　　　　⇒詳細は p.104 〜 105 参照

❸ ▶▶▶

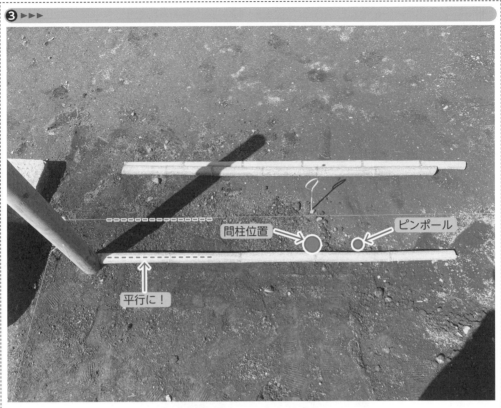

間柱位置　ピンポール

平行に！

間柱の位置を出すために切り出した胴縁１本を、施工する位置にねかせます。このときに胴縁と敷地境界の水糸が平行かどうか、目視で確認します。

次に、間柱の位置をイメージし、ピンポールを立てます。

❹ ▶▶▶

120

間柱の高さを決めます。

間柱の天端は親柱より 120mm 下がったところなので、親柱に 120mm 下がりで印をつけます。

❺ ▶▶▶

写真のように水糸を張り、高さを調整します。

⇒詳細は p.11 ～ 12 参照

造園工事作業　１級　編

❻ ▶▶▶

高さが決まったら、位置を確認します。もう一度、胴縁を施工位置へ敷地境界と平行にねかせ、間柱の位置を確認します。

❼ ▶▶▶

隙間で確認！

次に傾きを見ます。先に施工した親柱と間柱を一緒ににらんで垂直かどうか確認します。また、正面からの垂直具合も確認してください。

❽ ▶▶▶

土を戻し、足袋やつき棒でしっかり地盤を固め、整地します。

予測される採点Point …… 竹垣編①

　技能検定は持ち点が100点あり、ここから減点される方式です。竹垣製作は仕様で寸法が明記されているので、正確に作ることが求められます。指示された寸法どおりの完成を目指してください。少しずれていたからといってやり直す時間はありません。しかし、明らかな間違えはやり直さなければなりません。下記のポイントを参考に精度を上げていってください。

① 2本の柱の根元の芯から芯までの距離（900mm）

　→ ± 20mm までのズレは許容と考えられる！

　気にせず先に進みましょう。また、± 30mm のズレがあっても時間に余裕がなければ、減点の可能性はありますが作業を先に進めましょう。

　ただし、垂直に建っていなければ減点対象です。

② 敷地境界の水糸から柱の心までの距離（200mm と 200mm）

　→ ± 20mm までのズレは許容と考えられる！

　気にせず先に進みましょう。また、± 30mm のズレがあっても時間に余裕がなければ、減点の可能性はありますが作業を先に進めましょう。

※寸法は多少ずれてもいいですが、垂直・水平などは目につく部分です。これは施主など一般の人が見ても気づくことです。逆に1cm ずれていても一般の人は気づきません。自然材料を扱う試験ですから、上手に納められていたら図面より数 cm ずれることを許容することもあります。

3.4 胴縁の取付け

胴縁を柱に取り付ける際に柱が傾いてしまうことがあります。傾かないように施工方法を工夫することと、くぎ留めする前に必ず傾きをチェックすることが大切です。

また、このタイミングで柱に胴縁の位置を記します。胴縁の位置が２本の柱に記されますが、最終的には寸法よりも見た目が大切です。よく目視で確認しながら施工しましょう。

Point 胴縁と柱が水平と垂直になっているかを目視で確認できるよう目を養いましょう。最終的には寸法よりも見た目が重要！

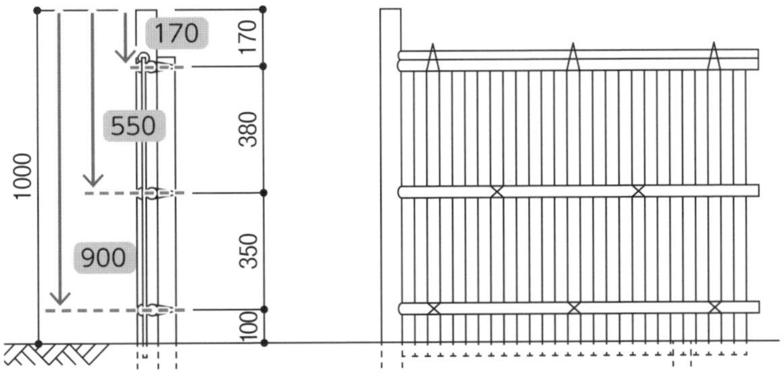

【胴縁の割り間（間隔）寸法】

竹垣詳細図より胴縁の割り間（間隔）寸法と、特にそれらの累計寸法を確認します。

胴縁の取付け位置は親柱天端から **170mm** と **550mm** と **900mm** です。

❶▶▶▶

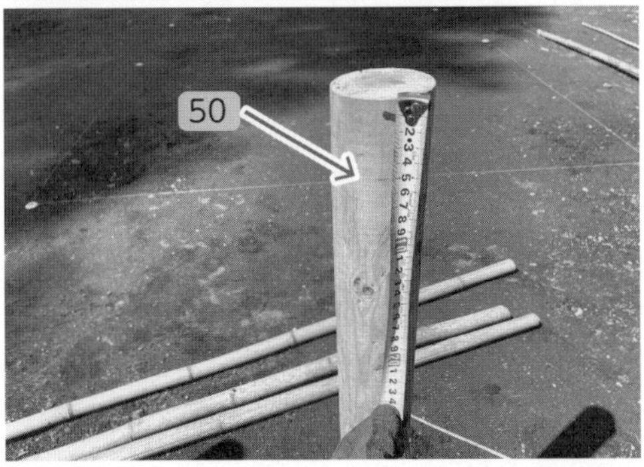

胴縁の高さを間柱にもマークします。上段の胴縁は柱の天端から 50mm です。

❷▶▶▶

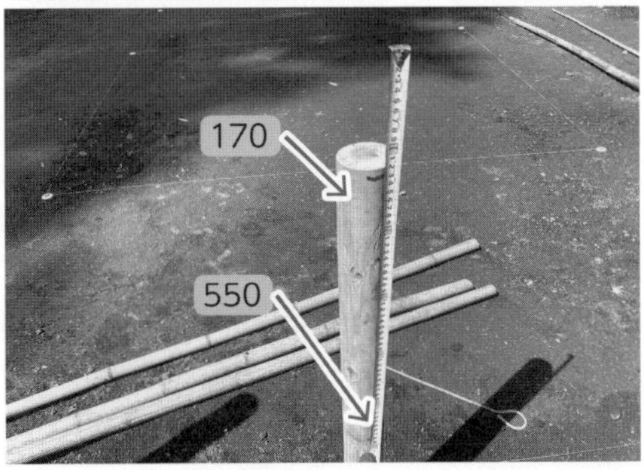

50mm の印に巻尺の 170mm を合わせ、550mm と 900mm の位置をマークしていきます。

❸ ▶▶▶

胴縁のくぎ留めは親柱から先に留めるため、間柱側を施工の高さに仮置きする必要があります。印のあたりへくぎを仮打ちし（手で抜ける程度）、胴縁の受けをくぎで作ります。

❹ ▶▶▶

ドリルで下穴をあけ、くぎを通しておきます。
⇒詳細は p.16 〜 17 参照

❺ ▶▶▶

上段の胴縁から親柱にくぎ留めします。
⇒詳細は p.17 参照

❻ ▶▶▶

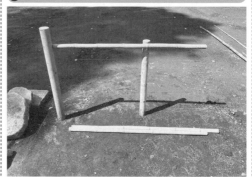

1 段目の胴縁が留まった状況です。

Point ❀ このタイミングで必ず 2 本の柱が平行で垂直に見えるかを確認します。これをせずに間柱を留めてしまうと調整できません。

❼ ▶▶▶

竹受けのくぎを利用して、印どおりに胴縁を間柱へ仮留めします。ドリルで竹に下穴をあけ、高さ調整ができるよう、手で抜けるくらいに間柱へ仮留めします。

❽ ▶▶▶

胴縁が水平かどうか、目視で確認します。水平と感じなければ調整、確認し、本留めします。これを 3 本について繰り返します。

❾ ▶▶▶

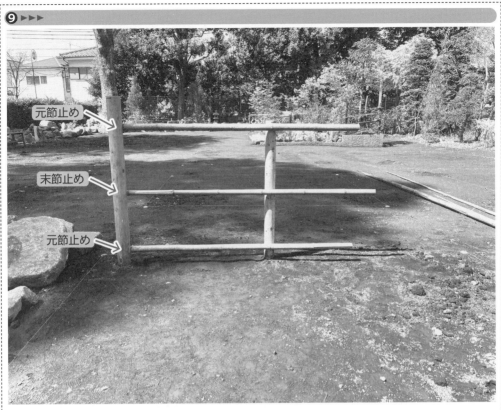

元節止め

末節止め

元節止め

3本の胴縁が柱に取り付きました。いったん離れてみて、目視で胴縁が水平かどうかを確認し、よければくぎを最後まで打ち込みます。打ちすぎると竹が割れるため、竹に強い負荷がかからないように留めてください。

胴縁の親柱側を、上から、元→末→元の順で節止めとします。

❿ ▶▶▶

間柱にシュロ縄の2本使いでくい掛けの結束をします。　⇒詳細は p.17 参照

⓫ ▶▶▶

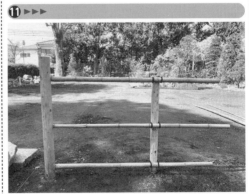

くい掛けが終わり、胴縁の取付けが完成しました。

造園工事作業　**1級**　編

3.5 立子の取付け

　立子の本数に指定はありません。立子は左からかきつけ、始まりの3枚は必ず末を上にします。また間柱を過ぎたら5枚程度立て、立てるのを終えます。

Point ※ 立子（山割り）の連続した縦筋が斜めに傾かないようにすること。

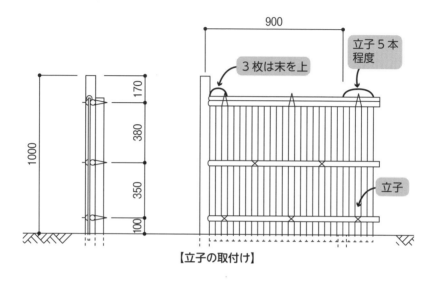

【立子の取付け】

　立子（山割り）が1.08m分支給されます。山割り材の幅が45mmのものが多いので、24本プラスαの本数が支給されると思います。

　近年、立子は幅も長さも揃っているため、調整加工することはありません。

❶ ▶▶▶

立子がささる部分の土をほぐします。
胴縁の真下を掘りましょう。50mm程度さすため、しっかりとほぐすようにしてください。

❷ ▶▶▶

ほぐした状態です。
特に、柱付近は締め固めてあるので、しっかりほぐします。

❸ ▶▶▶

3枚は末を上

シュロ縄の1本取りで小束を作り（⇒詳細はp.19参照）、かきつけます。最初の3枚は末が上です。かきつけのシュロ縄も当然、濡らして使います。

動画

❹ ▶▶▶

かきつけ終わりの状況です。立子どうしを、窮屈に立ててしまうと結束時にシュロ縄が通りづらくなります。遮蔽垣なので、スカスカでは困りますが、あまり窮屈に立てず、ある程度のゆとりをもたせ、立てましょう。

動画

❺ ▶▶▶

立子の天端は木づちで叩き、揃えます。
高さは間柱の高さ程度とします。

❻ ▶▶▶

立子の取付けが完了しました。
斜めに傾いていないか、立子の天端は揃っているか確認します。

3.6 | 押縁と玉縁の取付け

　胴縁同様、親柱への柱付きはすべて節止めにします。また、押縁は胴縁に対して反対の向き
に入る決まりがあります。胴縁の柱付きは上段から元→末→元の順になっているため、押縁の
柱付きは逆順の上段から末→元→末の順で節止めとなります。

　玉縁についても押縁の逆順に入る決まりなので、玉縁の柱付きは元節止めとなります。

Point ✿ 押縁の柱付きは上段から末→元→末の順で節止め。玉縁の柱付きは元節止め。

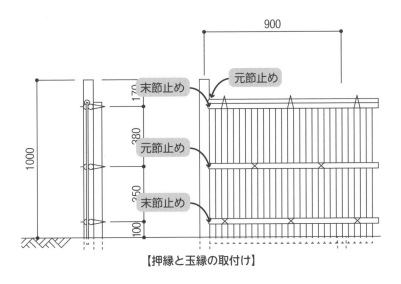

【押縁と玉縁の取付け】

押縁と玉縁の材料を切り出します。押縁 3 本、玉縁 1 本を得るため、1200mm 以上の長さの唐竹が 3 本必要です。そのうち、2 本は押縁用、1 本は玉縁用にします。押縁と玉縁で割る方向が 90° 違うので、注意が必要です。節の近くだとナタが入りづらいため、節と節の間で切断しておきましょう。玉縁用は最も太いところを取ります。

造園工事作業　1 級 編

② ▶▶▶

唐竹の芽の位置に注意して割っていきます。割り始めは股に竹を挟み、ナタと木づちを用いて、必ず末口より割っていきます。

③ ▶▶▶

ナタが一度食い込んだら、股から外し、写真のように木づちで叩き、割り進めていきます。

④ ▶▶▶

ナタで手を切らないよう気をつけて、勢いをつけて地面を叩くようにして割り進めてもいいです。

⑤ ▶▶▶

芽

竹垣を正面から見たときに各材料が真っすぐに見えるように、**玉縁は芽を**割ります。

⑥ ▶▶▶

芽

同様に、**押縁は芽を残して**割ります。

⑦ ▶▶▶

押縁3本、玉縁1本の材料が確保できました。

⑧ ▶▶▶

角度をイメージ

押縁の節止め角度は立子と柱の関係をよくとらえて、決めてください。

⑨ ▶▶▶

角度がイメージできたら、3本の押縁を同じ角度で加工します。

⑩ ▶▶▶

節止め加工ができたら、結束前に押縁を仮留めします。立子のかきつけで使用した1本取りのシュロ縄を用います。立子の隙間にシュロ縄を通すため、木ばさみでこじって隙間を作ります。

動画

⑪ ▶▶▶

このように仮留めします。1か所だと安定しないため、手間ですが、押縁1本あたり、2か所で仮留めします。後で忘れずに外してください。

⑫ ▶▶▶

次に玉縁です。立子にかぶさるように位置するため、節を落とす必要があります。

⑬ ▶▶▶

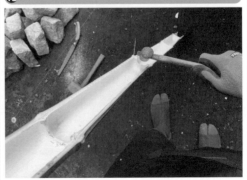

金づちで叩いて節を落とします。

造園工事作業　1級　編

193

⑭ ▶▶▶

玉縁は押縁と同じような角度でよいですが、角度のつけ方が写真のように逆になるので注意が必要です。

⑮ ▶▶▶

仮置きし、柱との馴染み具合を確認します。切断した内側の肉が見えているので、余裕があれば加工します。

⑯ ▶▶▶

木ばさみを利用して内側の肉を削り取ります。

⑰ ▶▶▶

柱付きの馴染みがよくなりました。

⑱ ▶▶▶

しり 40mm

しり 40mm

押縁の結束はシュロ縄2本使いでねじれいぼ結びとし、縄のしりをいぼの上端から40mmに切り揃えます。

動画

⑲ ▶▶▶

頭の出
70mm

シュロ縄3本使いで、頭の出が玉縁の上端から70mmの、とっくり結び・ねじれいぼとします。

動画

❷⓿ ▶▶▶

下がり
150mm

返しを入れ、玉縁の上端から下がり 150mm に
切り揃えます。

❷❶ ▶▶▶

結束ができたら仮留めを忘れずに外します。

❷❷ ▶▶▶

3枚目　　真ん中　　3枚目

上下段の
真ん中

上下段の
真ん中

3枚目　　真ん中　　3枚目

結束の場所については「詳細図のような位置に」という指示しかありません。

・上下段の押縁玉縁

　両サイドの結束は端の立子から 3 枚目を結束し、中間の結束はその結束の真ん中で結束します。

・中段の押縁

　上下段の結束の真ん中で結束します。

造園工事作業　1級　編

㉓ ▶▶▶

玉縁・押縁・胴縁を揃えて切断します。これも寸法指定がないため、端の立子から立子1枚分程度（40～50mm）で切断しましょう。1か所切断したら、写真のように水平器を使用して位置を求めます。

㉔ ▶▶▶

最後の工程です。ささくれ立たないように、丁寧に作業を進めてください。

㉕ ▶▶▶

仕上げに立子の周りを足袋で踏み固め、整地します。

㉖ ▶▶▶

結束のゴミなどは作業しながらまとめるようにします。この整地のタイミングでゴミが散らかっていないようにしましょう。

27 ▶▶▶

ゴミを片づけ、整地を終え、仮留めの外し忘れなどを確認したら、竹垣の完成です。

予測される採点 Point …… 竹垣編②

① 押縁（胴縁）

親柱の天端から押縁（胴縁）までの距離（上段：170mm、中段：550mm、下段：900mm）

→±10mm までのズレは許容と考えられる！　気にせず先に進みましょう。

また、±15mm のズレがあっても時間に余裕がなければ、減点の可能性はありますが、作業を先に進めましょう。たとえ、指定の寸法がずれたとしても、胴縁が水平になっていること。末元の使い勝手はとても重要なので重きを置いてください。

押縁・玉縁の割る方向があっているか（取り付けた際、正面から見て真っすぐに見えるように割っているか）も重要です。

② 立子

立子が斜めになっていないか。始まりの3枚が末を上にしているか。

③ ねじれいぼ結び（押縁の結束）

しりがいぼの上端から 40mm になっているか。

とっくり結び・ねじれいぼ（玉縁の結束）の頭の出が玉縁の上端から 70mm、下がりは玉縁の上端から 150mm になっているか。

→±10mm までのズレは許容と考えられる！

ただし、場所によりばらつきが出ないようにしましょう。一定の長さで揃えたほうがきれいに見えます。

④ 結束のゴミはまとめておきましょう。柱、立子周りも整地します。

造園工事作業　1級　編

4. 石作業

石材の施工に関して、図面を把握して石の位置など寸法を暗記しておきましょう。

4.1 | 水鉢（台石）・役石（前石・手燭石・湯桶石）・飛石・板石・ふち石の位置出しと遣り方

　竹垣作業を終えたら、次は石作業です。延段から蹲踞への斜めの軸と水鉢（台石）の位置出し作業から取り掛かります。ピンポールと巻尺を手に取り、石作業のための遣り方を作ります。主景となる蹲踞から作るのがセオリーですが、一度の遣り方で**水鉢**（**台石**）・**役石**（**前石・手燭石・湯桶石**）・**飛石・板石・ふち石**の施工ができるため、飛石・板石の作業も並行して進め、時間を短縮しましょう。

Point ❖ ピンポールを立てる位置と寸法を暗記しておく。

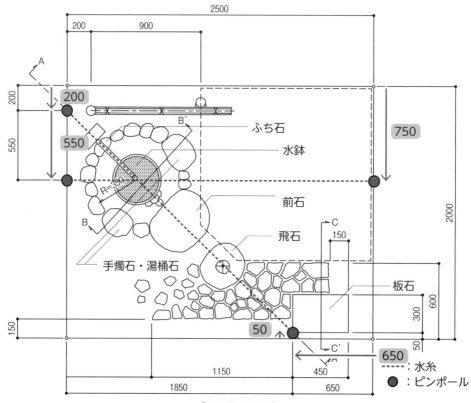

【石の位置出し】

ステップ ❶ ▶▶▶ 遣り方

1 敷地の角（親柱側）から 200mm 測り、ピンポール①を立てます。

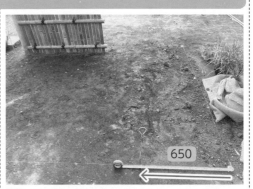

2 手前の敷地境角から 650mm 測ります。

3 敷地境界から内側に 50mm 測り、ピンポール②を立てます。

4 ピンポール間に水糸を張ります。水糸はピーンと張るようにします。　⇒詳細は p.20 参照

5 今回の水糸の高さは GL から 100mm 上がったところに設定しています。これで水鉢（台石）・前石・飛石・板石に関する遣り方ができたことになります。

6 次に、水鉢の中心を出すための水糸を張ります。先に打ったピンポールから 550mm にピンポール③を立て、水糸を張りましょう。

7 ↖ が遣り方（ピンポール）の位置です。
2本の水糸の交点が水鉢の中心位置になるので、交点にピンポールをさしています。

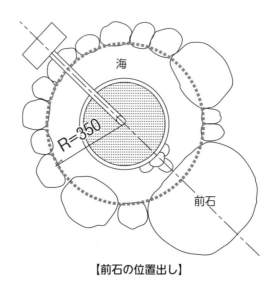

【前石の位置出し】

　先ほど求めた水鉢の中心から、半径350mmの大きさで海ができています。この円をガイドにしてまず前石の位置を決めます。

ステップ❷ ▶▶▶ 前石・飛石・板石の敷設作業

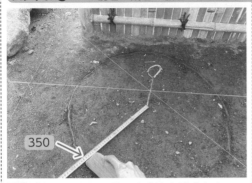

1 半径 350mm で海の大きさを描きます。

2 前石、飛石、板石を仮置きしたら、剣スコを用いて位置を地面にけがきます。けがいたら、写真のように一度石材を脇にどかし、床掘りの準備をします。

3 前石からきめていきます。海の大きさと前石の関係は写真のような感じです。前石の角が海の円に当たるような位置にすると馴染みます。さらに前石の中央に水糸が来るようにします。

4 前石の高さは、ちりが 65mm なので 100mm の遣り方から 35mm 下がりが仕上がり高です。

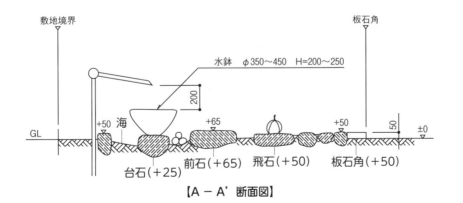

【A－A'断面図】

　各石の高さ（ちりなど）は図面より読みとります。前石は 65mm、飛石・板石は 50mm です。台石は寸法の指示がありませんが、GL ～ 50mm の間にします。今回は、台石は 25mm としました。

5 前石がきまったら、飛石の施工です。合端を120mmほど取り、位置を決定します。さらに飛石の中央に水糸がくるようにします。

6 飛石の高さは、ちりが50mmなので、100mmの遣り方から50mm下がりが仕上がり高です。

7 飛石がきまったら、板石を施工します。

8 角にピンポールが立っているので、これをガイドに施工します。

9 板石の高さは、飛石同様です。ちりが50mmなので、100mmの遣り方から50mm下がりが仕上がり高です。

10 前石・飛石・板石がきまりました。

11 斜めの軸がこの課題の見せどころなので、糸に習って前石・飛石が並んでいるか確認します。

自由作庭エリア

12 1級の試験は発生土がたくさん出ます。**自由作庭エリア**へまとめておきましょう。

ステップ❸ ▶▶▶ 蹲踞の施行

1 海のエリア全体を床掘りします。

2 海の床掘り作業後の状態です。

前石の厚み

3 蹲踞の海は前石の厚みを基準として深さを決めます。

あご

4 前石のあご（前石下端角）が出ないように深さを決め、水盤状に床掘りします。

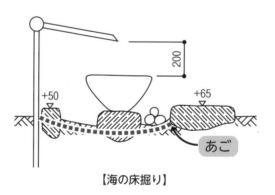

【海の床掘り】

上図の破線が海の床掘り作業の目安です。

5 水鉢の土台となる台石を施工します。糸の交点の真下に位置するよう注意します。
台石は天端が平らで広めな部分を出します。

6 水平を取ります。

75

7 台石の高さは、＋25mm と決めたので 100mm の遣り方から 75mm 下がりが仕上がり高です。

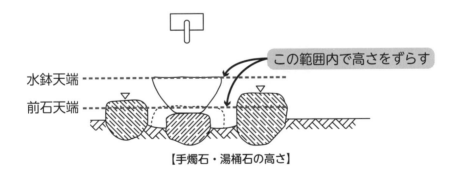

この範囲内で高さをずらす

水鉢天端

前石天端

【手燭石・湯桶石の高さ】

次に役石（手燭石・湯桶石）の施工を行います。

手燭石・湯桶石の高さについて指定はありませんが、**前石より高く**、**水鉢より低く**、かつ **2石の高さをずらす**ことを意識してください。

役石も天端の平らな面を出しフラットにします。

8 役石（手燭石・湯桶石）の石材をきめます。手燭や湯桶をのせる役割ですから、天端が平らでなければなりません。

9 天端を決め、高さや幅もあたっておきます。

役石の大きさ

10 役石の入る位置をけがき、仕上がり高さになるようねらった深さで床掘りしていきます。

11 左右の役石どちらから施工しても構いません。

12 必ず天端は水平にします。使用する石の中で非常に重量のある石ですから、**11** のように剣スコやバールなどを上手に使用し横移動させるなど、力を使わず調整できるようにしておきましょう。

13 水鉢を仮置きし、水鉢と前石のそれぞれの高さの間に役石（手燭石・湯桶石）が設置できているか、また、その高さのバランスがよいかを検討します。図【手燭石・湯桶石の高さ】（p.205）とよく比べて確認します。

14 蹲踞の作業で発生土が多く出ます。役石の位置が決まったら、この発生土で蹲踞周辺の整地をします。

15 発生土を利用して、役石の周辺をしっかりと締め固め、整地します。これにより、同時に発生土の量も減らせます。また、このタイミングで整地をしておかないと、足の踏み場がなくなり作業がしにくくなってしまいます。

造園工事作業 1級 編

16 反対側の役石周辺もしっかり締め固めて整地をしておきます。

17 次に海のふち石を施工します。ふち石の高さは、50mm ですから、100mm の遣り方から50mm 下がりが仕上がり高です。ふち石はすべて高さを揃え、天端を平らにします。

18 ふち石は半径 350mm を意識して作成します。大きさの大小を織り交ぜると自然な配置に見えます。

19 前石と役石の間の石も、1 石ずつではなく 1石と 2 石としたほうがさらに自然な配置になったかもしれません。左右を同じバランスにしないことがポイントです。

20 ふち石と竹垣の間は非常に狭いため、ふち石を施工しながら、しっかりと整地します。

21 次に、筧を生け込みます。図面どおりに蹲踞の真後ろに位置するようにします。縦樋の根入れ深さは定めがありませんが、最低 300mm は掘りましょう。

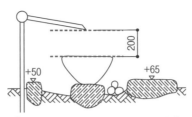

【水鉢の上端と横樋の下端の距離】

水鉢の上端から横樋の下端までは 200mm です。

22 横樋の高さを調整します。水鉢の上端から 200mm なので、写真のように水平器を渡し、巻尺で測りながら高さを調整します。縦樋が垂直に立っているかを必ず確認してから、横樋の切断位置をマークします。

23 横樋をこまがしらから抜き、マークした位置で切断します。
切断面を土で汚さないようにしましょう。
横樋の切断位置の近くに節があると見映えがよくありません。

24 角度の付いた切断はのこぎりで引っ張られる部分が逆目になり、ささくれるので、加工の際は向きに気を付けましょう。

25 切断後、横樋をはめます。縦樋の垂直を確認します。

26 正面から見て水鉢の中央に横樋が位置するように調整します。

27 蹲踞周辺の施工状況です。各石材の作業をしながら整地も同時にしていくので、このときには蹲踞周りの地盤はほぼ平らに整地がなされています。

28 水鉢（台石）・役石（前石・手燭石・湯桶石）・飛石・板石・ふち石までの施工が完了しました。海の仕上げの砂と水門石はすべての作業の最後に施工します。延段作業に入る前に、水門石の4石を確保しておきましょう。

4.2 延段の位置出しと遣り方

　蹲踞の作業を終えたら、次に延段の製作を行います。ピンポールと巻尺を手に取り、延段のための遣り方を作ります。すでに飛石と板石の施工ができているため、これらを基準にして作業を進めましょう。

Point ✤ ピンポールを立てる位置と寸法を暗記しておきましょう。

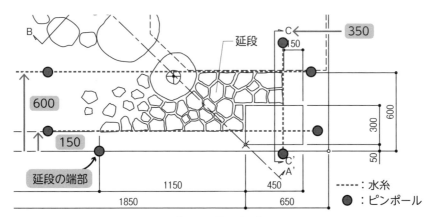

【延段の位置出し】

❶ ▶▶▶

水糸は1本でつなげて張ります。また、遣り方の高さは飛石・板石を基準とし、水平器を使用し決めます。

❷ ▶▶▶

掘削

延段の外周からほぐします。施工の余幅が必要なので、水糸より少し広く掘削します。

❸ ▶▶▶

続いて内側もほぐし、多少、土をすき取ります。剣スコで水糸を切らないよう注意します。

美しい延段を作るには手順があります。

ステップ1　角の石をきめる

　角に入れるごろた石は1か所の角が 90° の石を選びます。飛石にぶつかるごろた石は飛石に合った角度の石を選びます。また、天端と側面が平らな石を選びます。限られた材料の中からまず先に選抜し、施工します。角は要となる石なので、なるべく安定した大きめの石を選択してください。

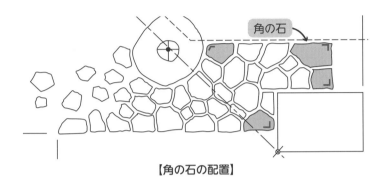

【角の石の配置】

ステップ❶ ▶▶▶ 角の石をきめる

これで角の主要な石がきまりました。

ステップ2　外周の石をきめる

　外周に入れるごろた石は、天端と外周となる側面が平らで 90° に近く、かつ直線的な石を選ば

造園工事作業 1級 編

なくてはなりません。残った材料の中から選抜し、施工します。歩行した際に石が動かないように厚みのある石を選んでください。小振りの材料や薄い材料は延段の中央部分で使用します。

　さらに美しく見せるテクニックとして、外周部に入るごろた石の大きさを大・中・小、混ぜながら配石します。下図の破線で示すように、隣り合った石が直線的に連続せず、凸凹に配置されることがより自然に見せるうえで大切です。

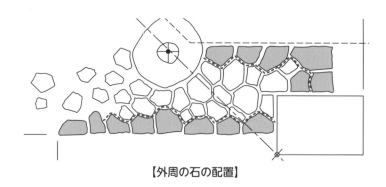

【外周の石の配置】

ステップ❷ ▶▶▶ 外周の石をきめる

限られた材料の中から大きさの大小をバランスよく選びます。-----で示すように外周の石の並び方に凸凹があると通し目地（段段の禁じ手のひとつで目地が真っすぐに通ること）にならず、より自然な印象を与えます。
仮置きは時間的な無駄となります。1石置いたら周囲をつき固め、位置を確定させていきます。

ステップ3 中央の石をきめる

　余った石を使って中央部分を埋めていきます。石の大小をばらつかせて、偏りのないように石を選びます。

ステップ ❸ ▶▶▶ 中央の石をきめる

1 ここでも石の大きさをばらつかせます。外周で使用できなかった小さい石を使用します。

2 目地の形はすべてT字もしくはY字にします。十字にすると自然な感じが薄れてしまい、見た目上、よくないといわれている禁じ手のひとつです。

3 次に目地土を込めていきます。土を石の上から広げ、最初は指先で押し込みます。

4 指が入らない部分は、目地ごてで固め、仕上げていきます。

5 ほうきで天端の土を掃きます。目地の高さは石の高さより必ず低くなるようにします。高さが同じようだとのっぺりとした表情になってしまい、石の一つひとつが際立ちません。

6 延段の散らし方の例です。
延段周辺の地盤に凹凸がないように、発生土を利用し整地します。次に築山を作るため、発生土の量を確定させておきます。

予測される採点 Point …… 石編

① 各種石材が水平か

ぱっと見で水平に見えていれば減点は少ないですが、明らかに水平が出ていない場合は技術不足とみなされ、減点対象となります。

→水平器をのせないとわからない傾きは許容と考えられる！ 気にせず先に進みましょう。

まずは目を養うためにも目視で水平を確認し、水平器は最後の確認程度で使用しましょう。

② 各施設の位置

遣り方を正確に立て、敷地境界線と平行に施工できているか、また敷地境界線からの寸法があっているかなどがポイントとなります。気にすべき寸法は平面図にある石の位置を示す寸法（下図の破線で囲った数値）です。

→±10mm までの位置のズレは許容と考えられる！ 気にせず先に進みましょう。

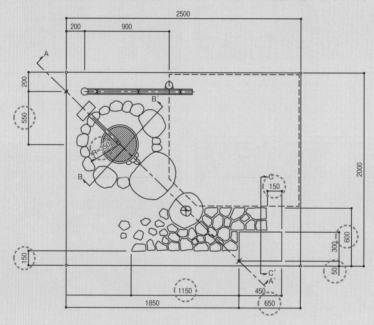

③ ふち石・前石・飛石・延段・板石のちり寸法

ちり寸法は、前石が 65mm でその他の石は 50mm です。

→±10mm までの位置のズレは許容と考えられる！ 気にせず先に進みましょう。

ただし、石周りの整地は精度を高く行い、一定のちり寸法にすることが大切です。

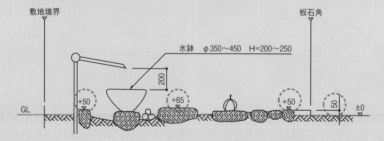

④ 広い視野で

施工に夢中になっていると視野が狭くなり、水平が出ていないことに気づきづらくなります。休憩しがてら、一歩引いて庭の全体を眺め、全体の寸法や水平具合を確認しましょう。

5. 築山作業・景石作業・植栽作業

　１級の場合、石作業で発生した土は「区画内の整地に使用すること」とあり、築山の製作はマストではありませんが、これだけの石の量なので自ずと築山を作ることとなります。また、大中小の景石と中木・低木・下草の植栽作業があり、これらは寸法指示のない自由配置作業です。全体のバランスを考えながら進める必要があります。

　景石と植栽の向きや植付け方、整地や清掃がしっかりできているかが問われる最後の仕上げ作業です。

　最後の工程で時間がない状況ですが、植物も扱います。丁寧な作業を心がけましょう。

5.1 │ 築山作業

　「掘り出した土は、区画内の整地に使用すること」とありますが、平らに整地するだけではなく、自由配置エリアに築山を作ることになります。

築山において範囲指定がないので、形など自由に作成します。景石３石の位置（p.219 ❸）も意識しながら築きます。土がほぐされ、ルーズな状況だと土量や築山の高さが把握できません。築山の形を決めつつ踏み固め、締まった土量で高さを把握します。その際、足袋やこうがい板などで大まかに築山の形を作っておきます。⇒詳細は p.30 ～ 31 参照

❷ ▶▶▶

築山の作成例です。
平らな部分はより平らにし、築山部分との境が明瞭にわかるようにします。

❸ ▶▶▶

②を横から見た様子です。
中央に入江を設け、手前と奥の山は高さを変えました。

5.2 | 景石作業

　景石は3石すべて使用し、「平面図の……で囲われた空間に各自自由に作庭すること」とあります。この範囲内で自由に作庭を工夫してください。ただし「石は、安定した景に据えること」とあります。石はむやみに立てず、極端に強い**気勢**（p.161 参照）を見せないほうが、失敗が少なく無難な仕上がりになります。

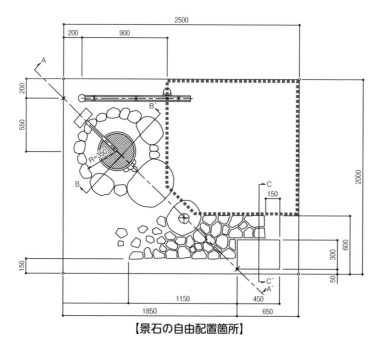

【景石の自由配置箇所】

❶ ▶▶▶

3つの景石の中で最も大きな石を主石とし、3石の配置を考慮しつつ、自由配置エリアの奥のほうへ配置しました。

❷ ▶▶▶

築山の高さを考慮し、この石材がどこまで埋まっていれば安定した景に見えるのか考えながら深さを決めます。

❸ ▶▶▶

景石はこのように平面的に不等辺三角形になるよう検討して配置します。

造園工事作業 1級 編

❹ ▶▶▶

平面的な配置が決まったら、石の高さと向きを決めます。主石の高さを基準にどれだけ埋めればいいか検討し、石の表情がよい面を正面とします。

❺ ▶▶▶

石を据えつける位置を掘り取り、実際の見映えを確認しながら施工します。石の面は正面を向くより、少し傾けたほうが石に見込み（奥行き）が生まれよく見えます。

❻ ▶▶▶

石のどこを見せるかを決めます。また、どこまで埋めれば1石で安定した景になるかを決めます。さらに、石の天端が平（平天）になるように使用します。

❼ ▶▶▶

地際で石が末広がりに接するようにすると安定感のある景を表現しやすいです。破線で示したような石に感じられ、どっしりとした景石となります。

見付けから見た際、立面的にも3石の景石の頂上を結んだ線が不等辺三角形になるようにするとバランスがよく見えます。同じ高さにしないということです。

景石の気勢は傾けずに、真上に向かうようにするとバランスが崩れにくく、失敗しにくいです。天端が平らになるようにすると気勢が傾きません。

⓾ ▶▶▶

3つの景石がきまりました。築山を再度整え、植栽の作業に入ります。

5.3 | 植栽作業

　景石と同様に、「樹木および下草をすべて使用し、平面図の…………で囲われた空間に各自自由に作庭すること」とあります。

❶ ▶▶▶

中木1本（サザンカ）・低木2本（サツキツツジ）を仮置きし、バランスをみます。また、植物の向きも考慮します。植物を回転させて、見映えのいい向きを決めます。中木が主木になるので中木→低木→下草の順で場所や向きを決めていきます。植物が自立しなければ、剣スコでひと堀りして立たせ、見映えのバランスを検討します。

❷ ▶▶▶

3本の配植バランスも不等辺三角形になるような位置に計画します。　⇒詳細は p.141 〜 142 参照

❸ ▶▶▶

主木となる中木から植え付けます。低木2本も続けて植えます。植物の正面・根鉢の高さを考慮して植え付けます。同時に、景石や植栽作業の発生土は築山に含め、再度築山を整えます。

④ ▶▶▶

下草類（ヤブランなど5株・タマリュウ9株）をすべて仮置きします。平面図の…………の範囲外にならないよう注意します。まんべんなく植えつぶすのではなく、ある程度の群れを作りながら配植します。景石など、石材のキワに配植すると自然の風景のなかにある岩の印象をより表現することができます。さらに、前後左右で植物の数に極端な偏りがないよう、配慮することで自由配置エリア全体を統一感のある景色にしてくれます。

❺ ▶▶▶

植付け後の状態です。

❻ ▶▶▶

築山・景石・植栽作業が完了した状態です。

5.4 | 中木の小透かし剪定

「樹木の特性をいかして自然樹形に剪定すること」とあります。透かしすぎないように注意します。また輪郭を整え、葉の濃淡を統一します。全体の輪郭、濃淡が重要です。時間もないので立ち枝、逆さ枝、異角度枝などわかりやすい忌枝を切り、全体にあわせることを意識します。

❶ ▶▶▶

中木（サザンカ）の剪定前の状態です。外周を一周見て、輪郭をイメージし、濃淡の濃いところは忌枝（将来性の低い、不要となってくる枝）があれば切ります。

❷ ▶▶▶

樹本の頂部から作業していきます。
はじめに、芯の枝がほかの枝に比べ太く、かつ想定する輪郭より突出しているので、枝の分岐で切り戻します。

❸ ▶▶▶

ここの枝の分岐（付け根）で切ります。

造園工事作業 1級 編

④ ▶▶▶

分岐いっぱいで切ります。
枝の先端がV字に残ります。

⑤ ▶▶▶

V字に残った枝を輪郭線内まで切り戻します。
外芽の葉の先で切ります（外に向いている葉が枝先に残る形になります）。

⑥ ▶▶▶

V字に残った枝を2本とも輪郭と外芽を意識して切ります。

⑦ ▶▶▶

姿を崩している忌枝があったら、これも切ります。この枝は輪郭からは突出していないですが、逆さ枝（木の中心に向かって伸びる枝）ばかりが付いている枝なので、枝の基部から切ります。

⑧ ▶▶▶

枝の基部に外向きのよい枝があったので、その分岐いっぱいで切りました。

⑨ ▶▶▶

枯れ枝もすべて切ります。これらも枝の分岐いっぱいで切ると、より自然に見えます。

⑩ ▶▶▶

枯れ枝や忌枝、輪郭を整えるだけで十分です。後は葉の濃淡を調整してください。

⑪ ▶▶▶

剪定枝は、みに入れてひとまとめにしておきます。

⑫ ▶▶▶

小透かし剪定後の状態です。枝の濃淡が均一で、すっきりした姿の完了形です。

造園工事作業 1級 編

予測される採点 Point …… 築山編

築山が見映えよくできているか
形状は自由ですが、複雑な形にしないようにします。しかし、真ん丸やきれいな楕円形にもならないよう、自然な曲を表現しましょう。見た目は急勾配にならないよう、崩れそうに見えない安定感のある勾配で築山を作成してください。

6. 海の仕上げと整地と清掃

　最も大切な作業です。これまでの作業が上手にできていても、整地と清掃ができていなければ合格にはたどり着きません。作業も終盤で、時間も体力もないところですが、なるべく時間をかけて丁寧にやりたい作業です。⇒詳細は p.34 ～ 36 参照

❶ ▶▶▶

はじめに、ほうき・こうがい板・地ごてを使いながら、地盤の整地、石の清掃などを行います。

❷ ▶▶▶

下段の押縁にも土などがのっていないように、また、植物の上に剪定枝が引っ掛かっていることのないようにします。上から下、奥から手前と掃除を進めてください。

③ ▶▶▶

次に、蹲踞の海を仕上げます。水鉢の中が汚れていれば、掃き掃除をしておきます。水は使用できません。

④ ▶▶▶

海の仕上げの砂です。このタイミングで砂敷をするのは、整地や掃除で海（砂）の上に土やゴミが落ちないようにするためです。

⑤ ▶▶▶

土嚢袋から砂を1〜2cm程度の厚みになるように手で広げます。

⑥ ▶▶▶

石との境をシャープに整地したら、ほうきで手の跡を消すように、ほうき目を立てます。

⑦ ▶▶▶

水門石を水鉢の前に4石置き、蹲踞が仕上がりました。

⑧ ▶▶▶

持参した関守石を忘れずに飛石の上に置きます。

造園工事作業　1級　編

231

❾ ▶▶▶

ゴミ（丸太・シュロ縄・剪定枝・唐竹）、余りもの（砂・ごろた石）などは1か所にまとめておきましょう。

予測される採点 Point …… 整地・清掃編

① 石の上がきれいか
石の上に土がのったままでは仕上がったことになりません。よく掃き掃除をしてください。

② 石の周りの整地
石のキワがきれいに整地できていると、石が際立ち、冴えて見えます。⇒詳細は p.34 ～ 36 参照
竹垣の柱や立子周りや植栽の周囲も同様です。整地しましょう。

③ 仕上げと整地
竹垣作成時の丸太やシュロ縄のゴミは敷地外にまとめてあるか。
築山の地模様が明瞭に表現されているか（築山の始まりがどこからかわかるか）。
敷地内だけではなく敷地外に向かって 20cm 程度は整地しておくことが望ましい。

【1級完成例その1】

【1級完成例その2】

造園工事作業　1級　編

【1 級完成例その 3】

【1 級完成例その 4】

【1 級完成例その 5】

【1 級完成例その 6】

【1 級完成例その 7】

【1 級完成例その 8】

判断等試験

1. 判断等試験の概要

樹木の枝を見て、その樹種名を判断し、樹種名一覧の中から選ぶ試験です。

樹木全体の樹形ではなく花や実のついていない植物の切り枝数 10cm を観察し、鑑定して短時間で樹種名を判断する能力が問われます。

【判断等試験の概要】

受験する級	試験時間	出題数	出題範囲
1 級	10 分	20 種	161 種
2 級	7 分 30 秒	15 種	115 種
3 級	5 分	10 種	60 種

※ 1 樹種あたりの解答時間 30 秒

2. 判断等試験の心構え

本検定を受検する方々は植物相手の仕事に従事している、あるいは、これからそういった仕事に就こうと考えている方々だと思います。植物は一緒に仕事をするパートナーですから、しっかり名前を覚えて、彼らを知っていきましょう。

植物が好きでも名を覚えることへの苦手意識が高い方は大勢います。遠くからケヤキの立木を見て判断できても、枝 1 本となるとケヤキなのかムクノキなのか見分けがつかないという方も多いでしょう。まずは興味のある植物から、形が美しいと感じる植物から、記憶していきましょう。持ち運びのできる図鑑もたくさん発行されています。試験前は図鑑を傍らに、**通勤通学で出会う植物たちをすべて名指しできるよう**練習を重ねてください。

判断等試験は学科試験ではなく実技試験に含まれ、配点は 20 点です。製作等作業試験（庭づくり）の配点は 80 点ですが、作業で一つもミスをせず満点を取ることは非常にハードルが高いです。しかし、判断等試験は知っていればミスすることはありません。したがって、ここで**高得点（満点）をねらいましょう。**

出題される樹種が公開されているため、あらかじめ対策を取ることができます。すでに知っている樹種は個体差があっても見分けられるようにしておきましょう。まだ同定（名を判断）できない樹種は図鑑を片手に植物園や公園へ行き何度も見て目に焼き付けて覚えましょう。

解答時間は 1 樹種 30 秒です。この時間内にすることは「同定作業→リストから樹種名の番号を探す→答案用紙へ記入」です。樹種名をリストから探し、解答するだけで 10 秒はかかります。したがって、「**知っているのに名前が出てこない」「A 樹種か B 樹種まで絞れているが判別できない」は致命的**です。樹木を見たらすぐに樹種を言葉にできるように声に出して練習して

造園工事作業 1 級 編

みてください。

　枝葉を見るだけで樹種がわかるかを問う試験のため、葉に触れたり枝を持ったりすることができません。当然、葉をちぎり、においをかぐこともできません。花や実も付いていない枝が出題されるので、受験者は**枝ぶり**、**葉序**（互生・対生）、**葉形**、**芽のつき方**、**毛や照りの有無**、**葉の色や大小**、**鋸歯**（葉の縁のギザギザ）、**葉柄の短長**、**針葉樹の気孔の特徴**などを頼りに**植物を同定**できるようにならなければなりません。

3. 試験当日のポイント

　試験当日、樹木の枝は両隣から見えないよう、衝立で仕切られた囲いの中に用意されています。公開樹種リスト（樹木名一覧）が配布され、手元でリストを見ながら解答用紙に記入します。解答方法は**樹種番号（数字）で解答**することになっています。**樹種名で解答すると誤答**となるので、注意が必要です。

　また、課題の枝の前には30秒しかいられません。逆にいえば、30秒間その場にいなければなりません。30秒経つとブザーがなり、次の枝の前に移動する仕組みです。樹種がすべてわかればいいのですが、目の前の樹種がわからない場合、**解答欄を空欄のままにしない**ことをおすすめします。空欄にしておくと、次の枝の解答を詰めて記入してしまい、最後の枝の解答をしたときに解答がずれていることに気づくことになるからです。A樹種かB樹種で迷っている場合はどちらかを、まったく見当がつかなくても適当な数字を記入し、解答欄を空欄にしないよう努めてください。

　一目見て、樹種名がわからなければ、考えてもわかりません。わからなかった問題はきれいさっぱり忘れ、次の樹種に専念しましょう。時間に追われる試験なので、途中で解答を消したり訂正したりすることは混乱の原因になります。また、落ち着いて最後に解答を見直す時間は用意されていません。したがって、本当に正味30秒のみが勝負の時間になります。

4. 判断等試験の出題例

　枝や葉には、いろいろな特徴があります。自分なりに特徴をつかんでおくとよいでしょう。
　次ページで紹介する特徴はほんの一例です。さまざまな角度から特徴をつかんでおくことが有効です。

◎ 判断等試験のポイント

　各級により樹種が公表されています。庭木で用いる植物材料中心のリストになっています。全国で行われる試験のため、出題される樹種には地域性があります。関東地域を例にあげると、亜寒帯や亜熱帯の植物は出題される可能性は極めて低いです。
【関東地域で出題されにくい樹種（1級）】
亜寒帯～：エゾマツ、エゾヤマザクラ、オオシラビソ、トドマツ、ハマナス、ブナ
亜熱帯～：アカギ、アコウ、オオハマボウ、オキナワキョウチクトウ、ガジュマル、デイゴ、テリハボク、モクマオウ、フクギ、プルメリア、リュウキュウマツ

❶ ▶▶▶ ヒサカキ

このような形で樹木の枝が出題されます。

ヒサカキは頂芽の形が特徴的です。

❷ ▶▶▶ ドウダンツツジ

車輪状（車軸状）に枝が展開する（1か所から何本も枝が出る）特徴があります。

❸ ▶▶▶ コナラ

葉形が倒卵形（葉の中央よりも先端に近い側の幅が最も広くなる）という特徴があります。

造園工事作業 1級 編

5. 試験問題

1級造園（造園工事作業）
実技試験（判断等試験）問題

　次の注意事項に従って、提示された 20 種類の樹木の枝葉の部分を見て、それぞれの樹種名を第1表および第2表の「樹種目一覧」の中から選び、その番号を解答欄に記入しなさい。

1　試験時間
10 分
※いずれの樹木も、枝葉の部分1本の判定時間は、30 秒です。

2　注意事項
(1)　係員の指示があるまで、この表紙はあけないでください。
(2)　試験問題と解答用紙には、受検番号および氏名を必ず記入してください。
(3)　係員の指示に従って、この試験問題が表紙を含めて、3 ページであることを確認してください。
(4)　各樹木の解答ができあがっても、試験時間の終了の合図があるまでは、その場所に待機するものとし、合図があったら直ちに次に進んでください。
(5)　試験終了後、試験問題と解答用紙は、必ず提出してください。
(6)　A ～ E の樹木において、ナツグミ、アキグミおよびナワシログミのいずれかがあった場合、第 1 表 No.13「グミ類」として解答用紙にその番号を記入してください。
(7)　F ～ T の樹木において、レンギョウ、シナレンギョウおよびチョウセンレンギョウのいずれかがあった場合、第 2 表 No.114「レンギョウ類」として解答用紙にその番号を記入してください。
(8)　解答用紙の※印欄には、記入しないでください。
(9)　試験中は、携帯電話、スマートフォン、ウェアラブル端末などの使用（電卓機能の使用を含む）を禁止とします。
(10)　試料には、触れないでください。

受検番号	氏　　　名

第1表 (A〜Eの樹木)「樹種名一覧」

ア	1	アオダモ (コバノトネリコ)	ク	13	グミ類　※	ナ	25	ナツハゼ	ミ	37	ミツマタ
	2	アキニレ	サ	14	サンシュユ		26	ナンキンハゼ	ム	38	ムクロジ
イ	3	イスノキ	シ	15	シナノキ	ニ	27	ニオイヒバ		39	ムベ
	4	イタヤカエデ		16	シャシャンボ	ハ	28	ハクウンボク	モ	40	モンパノキ
ウ	5	ウメモドキ		17	シロヤマブキ		29	ハマナス	ヤ	41	ヤブニッケイ
オ	6	オオシラビソ	ソ	18	ソヨゴ		30	ハルニレ		42	ヤマボウシ
	7	オオハマボウ	タ	19	タラヨウ	ヒ	31	ヒイラギモクセイ	ラ	43	ラクウショウ
	8	オガタマノキ	ツ	20	ツガ	フ	32	フウ		44	ランタナ
	9	オキナワキョウチクトウ	テ	21	テリハボク		33	ブナ	リ	45	リュウキュウマツ
キ	10	ギョリュウ	ト	22	ドイツトウヒ		34	プルメリア		46	リョウブ
	11	キンシバイ		23	トドマツ	ホ	35	ホルトノキ			
	12	ギンドロ	ナ	24	ナギ	ミ	36	ミツバツツジ			

※　ナツグミ、アキグミおよびナワシログミのいずれかがあった場合、No.13「グミ類」として解答用紙にその番号を記入してください。

第2表（F～Tの樹木）「樹種名一覧」

ア	1	アオキ	キ	30	キョウチクトウ	セ	59	センリョウ	ヒ	88	ヒヨクヒバ（イトヒバ）
	2	アカギ		31	キンモクセイ	ソ	60	ソメイヨシノ		89	ピラカンサ
	3	アカマツ	ク	32	クスノキ	タ	61	タイサンボク	フ	90	フクギ
	4	アコウ		33	クチナシ		62	タブノキ		91	ブラシノキ
	5	アジサイ		34	クヌギ	チ	63	チャボヒバ		92	プラタナス
	6	アセビ		35	クロガネモチ	テ	64	デイゴ		93	ブルーベリー
	7	アベリア		36	クロマツ	ト	65	トウカエデ	ヘ	94	ベニカナメモチ
	8	アラカシ	ケ	37	ゲッケイジュ		66	ドウダンツツジ	ホ	95	ボケ
イ	9	イチイ		38	ケヤキ		67	トキワマンサク		96	ポプラ
	10	イヌシデ	コ	39	コウヤマキ		68	トチノキ	マ	97	マサキ
	11	イヌツゲ		40	コデマリ		69	トベラ		98	マテバシイ
	12	イヌマキ		41	コナラ	ナ	70	ナツツバキ		99	マンサク
	13	イロハモミジ		42	コブシ		71	ナナカマド		100	マンリョウ
ウ	14	ウバメガシ	サ	43	サカキ		72	ナンテン	ム	101	ムクゲ
	15	ウメ		44	ザクロ	ニ	73	ニシキギ		102	ムクノキ
エ	16	エゴノキ		45	サザンカ		74	ニセアカシア	メ	103	メタセコイア
	17	エゾマツ		46	サツキツツジ	ネ	75	ネズミモチ	モ	104	モクマオウ
	18	エゾヤマザクラ		47	サルスベリ		76	ネムノキ		105	モチノキ
	19	エノキ		48	サワラ	ハ	77	ハギ		106	モッコク
	20	エンジュ		49	サンゴジュ		78	ハクモクレン		107	モモ
オ	21	オオデマリ	シ	50	シダレヤナギ		79	ハナカイドウ	ヤ	108	ヤブツバキ
カ	22	カイズカイブキ		51	シマトネリコ		80	ハナスホウ		109	ヤマブキ
	23	カクレミノ		52	シモツケ		81	ハナミズキ	ユ	110	ユキヤナギ
	24	ガジュマル		53	シャリンバイ	ヒ	81	ヒイラギ		111	ユズリハ
	25	カツラ		54	シラカシ		83	ヒイラギナンテン		112	ユリノキ
	26	カヤ		55	シラカンバ		84	ヒサカキ	ラ	113	ライラック
	27	カリン		56	ジンチョウゲ		85	ヒノキ	レ	114	レンギョウ類　※
	28	カルミヤ	ス	57	スギ		86	ヒマラヤスギ	ロ	115	ロウバイ
	29	カンヒザクラ		58	スダジイ		87	ヒメシャラ			

※　レンギョウ、シナレンギョウおよびチョウセンレンギョウのいずれかがあった場合、No.114「レンギョウ類」として解答用紙にその番号を記入してください。

学科試験

　1級学科試験は全50題が出題されます。真偽法（○×問題）25題と多肢択一法（4択問題）25題です。過去問から多く出題される傾向があるため、過去問題をひととおり記憶する程度に対策を行い、対応できるようにしましょう。

【学科試験の概要】

受験する級	試験時間	出題数	回答方法（マークシート）
1級	1時間40分	50題	真偽法25題 多肢択一法25題
2級	1時間40分	50題	真偽法25題 多肢択一法25題
3級	1時間	30題	真偽法30題

A群（真偽法）

番号	問　題
1	鹿苑寺（金閣寺）の庭園形式は、中庭式庭園である。
2	茶室のにじり口の役石のうち、2番石を落とし石という。
3	このきりは、大型の木づちのことである。
4	バックホウは、主として、設置された地盤よりも低いところの掘削に適している。
5	工程表を作成するときは、天候による作業不能の期間を考慮する必要がある。
6	強酸性の土は、一般に、植物の生育には適していない。
7	山堀り樹木の移植の場合、枝葉を1/3以上剪定するのは、主として、運搬時の枝折れを防ぐためである。
8	常緑の高木を移植する場合は、振るい掘りが適している。
9	老化した生垣を若返らせる方法の一つに、根切りがある。
10	柴垣とは、桂垣や蓑垣のように竹穂を用いた垣のことをいう。
11	ふところ枝は、樹木の根元から出る枝である。
12	樹木剪定において、摘心は、樹の新梢の先端を摘む方法のことで、木質化しないうちに行うのがよい。

造園工事作業　1級編

13	油かす、鶏糞などは、速効性肥料として多く使用されている。
14	玉掛け作業で、ワイヤロープのつり角度を大きくすると、荷に加わる圧縮力も大きくなる。
15	急傾斜地に盛土する場合は、あらかじめ段切りをするとよい。
16	クマザサ、オカメザサ、テイカカズラは、すべて草本性地被植物である。
17	バーミキュライトは、無機質土壌改良材である。
18	日本産業企画（JIS）によれば、次は、割栗を表す材料構造表示記号である。 〳〵〳〵〳〵〳〵
19	法面勾配において、1：1.5 と表示されている場合、1.5 は垂直方向を表す。
20	工事費は、工種ごとの経費と所要の諸経費などを積み上げて算出する。
21	一般的な測量に使用するポールは、長さ 20cm ごとに赤と白に塗り分けられている。
22	鋼製巻尺は、一般に、合成繊維製巻尺よりも距離測定における精度が高い。
23	水準測量において、レベルの観測者は、標尺（スタッフ）の読みの最小値を読みとるとよい。
24	都市公園法関係法令によれば、都市公園の中に設けられる駐車場は、公園施設ではない。
25	労働安全衛生関係法令によれば、岩盤または堅い粘土からなる 5m 以上の地山（砂地や発破などにより崩れやすい状態の地山を除く）の掘削面の勾配は、90°である。

Ⓖ A群（真偽法）の解答・解説

1　✕　鹿苑寺の庭園形式は**浄土式**の庭園形式である。中庭式庭園はスペインの庭園のことで、建物の中庭にあるパティオが印象的である。

2　○　躙口までの役石は**乗り石→落とし石→踏み石**の順にわたり、躙口から茶室へ入る。

3　✕　このきりとは**小型**の木づちのことである。

4　○　**バックホウ**はバケットを手前に引くようにして地盤より**低い**ところを掘削するものである。地盤より**高い**ところを掘削するのに適しているのは**パワーショベル**のことである。

5　○　屋外作業のため、悪天候や設計変更、事故など不可抗力を考慮して工程を組む。

6　○　中性（pH7）から弱酸性（pH6 ～）の範囲が、ほとんどの植物で生育がよい。強酸性や強アルカリ性などに偏ると栽培がむずかしくなる。

7　✕　山堀り樹木の移植の場合は、圃場の植物材料と違い、細根の付いたよい根を確保することが難しく、水を吸い上げる力が弱くなる。したがって、葉からの**蒸散量を減らすために**、枝葉を剪定する。

8　✕　振るい掘り（根ふるい）とは植物を掘り上げた後、根周辺の土をほとんど落とすことをいう。これは、冬場に休眠中の**落葉広葉樹**が耐えうる手法である。基本的には土を含めた**根巻**が望ましい。

9 ○ 老化した生垣は、長年にわたる生育の中で根の成長が緩慢になっている。そこでエンピ（スコップの一種）などで株元をつきさして根を切断する。これにより、切断面から新たに多くの細根を発生させ、若返らせる手法である。

10 × 柴垣は**雑木の枝**を使用した垣根である。桂垣や蓑垣は竹穂を用いた垣根である。

11 × ふところ枝は樹冠の**内部**にある小枝のことである。樹木の根元から出る枝は**ひこばえ（やご）**といい、両者とも忌枝として剪定対象となることが多い。

12 ○ マツのみどり摘みが代表例で、木質化する前に手で摘み取る。

13 × 油かすはアブラナの種子などから油を搾り取った残りかすで、植物を原料とする有機質肥料である。鶏糞も動物のふん尿を原料とする有機質肥料である。両者ともに土壌中の微生物に分解され、効き目が出るまでに時間がかかる**遅効性肥料**とされている。一方、無機質肥料は一般に速効性肥料とされている。

14 ○ ワイヤロープのつり角度を大きくする（深絞り）とワイヤロープには強い荷重がかかるのと同時に荷に加わる圧縮力も大きくなる。

15 ○ 急な傾斜地に盛土をすると滑動のおそれがあるため、あらかじめ斜面を階段のように段切りするとよい。

16 × **テイカカズラ**は常緑で**つる性**の木本植物である。

17 ○ バーミキュライトはひる石を焼成して作った多孔質の無機的な土壌改良剤であり、保水性、透水性の改善に用いられる。

18 ○ 問題文のとおりである。割栗事業や砕石事業を示す記号であり、ブロック塀や石積みの底面に入り、沈下を防止させる用途を示すものである。

19 × 垂直方向が1、水平方向が1.5を表す。

20 ○ 工事費は材料費、労務費（工種ごとの経費）、諸経費などを総合的に積み上げて積算する。

21 ○ 問題文のとおりである。簡単な高低測量で使用されるポールである。

22 ○ 鋼製巻尺（スチールテープ）は若干伸縮があるが精度が高く、合成繊維巻尺に比べ、機密を要する測量に適している。

23 ○ スタッフの読みが最小値のとき、スタッフが垂直に立っているということになる。斜めに倒れていると、その分、望遠鏡から読む値が大きくなる。

24 × 都市公園法第2条により、「飲食店、売店、駐車場、便所その他の便益施設で政令で定めるもの」は**公園施設**と定義されている。

25 × 労働安全衛生規則第356条により、掘削面の勾配の基準が記載されている。岩盤または堅い粘土からなる**5m未満**の地山の掘削は**90°以下**でよいが、**5m以上**は**75°以下**にしなければならない。

B群（多肢択一法）

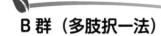

番号	問　題
1	枯山水式でない庭園はどれか。 　イ　大徳寺大仙院書院庭園 　ロ　龍安寺方丈庭園 　ハ　天龍寺庭園 　ニ　南禅寺金地院庭園
2	庭園と庭園様式の組合せとして、正しいものはどれか。 　　　（庭園）　　　　　　　　（庭園様式） 　イ　イギリス式庭園　…………　風景式庭園 　ロ　フランス式庭園　…………　露壇式庭園 　ハ　スペイン式庭園　…………　平面幾何学式庭園 　ニ　イタリア式庭園　…………　中庭式庭園
3	塀や生垣などに沿って設けられる帯状の花壇はどれか。 　イ　沈床花壇 　ロ　ウォール花壇 　ハ　境栽花壇 　ニ　寄植え花壇
4	地面の整地に使用する工具はどれか。 　イ　こうがい板 　ロ　こやすけ 　ハ　くりばり 　ニ　つき棒
5	次のうち、高枝剪定ばさみの用途として、正しいものはどれか。 　イ　トキワマンサクの生垣の刈込みに使用する。 　ロ　アラカシの三葉透かしに使用する。 　ハ　アカマツのみどり摘みに使用する。 　ニ　フサアカシア（ミモザ）の徒長枝を切るのに使用する。
6	施工計画を作成する際に考慮する必要のない事項はどれか。 　イ　庭園の完成後の管理者 　ロ　作業員の手配 　ハ　搬入路 　ニ　ゴミの処分方法と処分地
7	滝石組に関する記述として、適切なものはどれか。 　イ　大振りと小振りの石を組み合わせて使うほうがよい。 　ロ　角の取れたやさしい丸みのある石を使うほうがよい。 　ハ　種類の違った石を多く使うほうがよい。 　ニ　なるべく小さい石を数多く使うほうがよい。

8	芝生地の造成に関する記述として、正しいものはどれか。
	イ　芝生地は、根腐れを防止するため、排水勾配をつける。
	ロ　目地張りは、縦目地、横目地とも通して整然と張るのがよい。
	ハ　播種や植芝には、基肥を必要としない。
	ニ　目土は、春期は薄めに、夏期は厚めにする。

9	ケヤキの植栽とその後の養生に関する記述として、最も適切なものはどれか。
	イ　植込みは、土ぎめとし、後で水を施した。
	ロ　植込みは、水ぎめとし、新葉が出たときに灌水管理をした。
	ハ　植込みは、根が乾燥しないように深植えとし、しっかり水を施した。
	ニ　植込みは、足でしっかり踏み、十分土をかけたので、水は必要でない。

10	土壌中の腐植に関する記述として、正しいものはどれか。
	イ　土壌中の微生物の活動を抑制する。
	ロ　土壌の単粒化を促進する。
	ハ　心土中に多く存在する。
	ニ　土壌の膨軟化を促進する。

11	樹木剪定の手法のうち、大透かし、中透かしおよび小透かしの剪定手法があるものはどれか。
	イ　切詰剪定
	ロ　切返し剪定
	ハ　枝おろし剪定
	ニ　枝抜き剪定

12	街路樹の冬期剪定に関する記述として、誤っているものはどれか。
	イ　イチョウは、樹冠が円錐形になるように剪定するのが基本である。
	ロ　ヤナギは、車道の枝の下垂が地上から 2m になるように残すとよい。
	ハ　エンジュは、卵型の樹型を損なわないように剪定する。
	ニ　ケヤキは、素直に伸びる枝を生かすため、枝抜き剪定が主体となる。

13	クレーン等安全規則において規定されている移動式クレーンの玉掛用具の安全係数に関する記述として、誤っているものはどれか。
	イ　フックの安全係数は、5 以上でなければ使用してはならない。
	ロ　つりチェーンの安全係数は、6 以上でなければ使用してはならない。
	ハ　シャックルの安全係数は、5 以上でなければ使用してはならない。
	ニ　ワイヤロープの安全係数は、6 以上でなければ使用してはならない。

14	れんが積み工事に関する記述として、一般に、適切でないものはどれか。
	イ　1 日の積み高さは、2 ～ 2.5m にする。
	ロ　縦の目地を一直線に通さないようにする。
	ハ　使用前にれんがを適度に湿らせておく。
	ニ　1 日の作業を中断するときは、段逃げとする。

造園工事作業　1級　編

15	舗装や芝生の特性に関する記述として、誤っているものはどれか。
	イ　アンツーカー舗装は、色彩が美しく、排水性に優れている。
	ロ　クレイ舗装は、降雨後乾きが早くほこりが立たない。
	ハ　芝生は、ほこりが立ちにくく危険性が少ないが、周年使用には難点がある。
	ニ　全天候型舗装は、ほこりが立ちにくく、天候にほとんど影響されない。
16	モチノキ科でない樹木はどれか。
	イ　イヌツゲ
	ロ　ソヨゴ
	ハ　ウメモドキ
	ニ　ネズミモチ
17	次の庭園用石材のうち、玄武岩はどれか。
	イ　万成石
	ロ　六方石
	ハ　甲州鞍馬石
	ニ　筑波石
18	雌雄異株の樹木はどれか。
	イ　モチノキ
	ロ　サルスベリ
	ハ　アセビ
	ニ　コブシ
19	湿地に強い樹木はどれか。
	イ　ラクウショウ
	ロ　アカマツ
	ハ　ツガ
	ニ　クロマツ
20	前年の枝に花芽をつけ、翌年開花するものはどれか。
	イ　サルスベリ
	ロ　ウメ
	ハ　キンモクセイ
	ニ　キョウチクトウ
21	造園設計図における略記号と記号が表すものの組合せとして、誤っているものはどれか。
	（略記号）　　　　　　（記号が表すもの）
	イ　　φ　…………　直径
	ロ　　WL　…………　水面
	ハ　　GP　…………　ガス管
	ニ　　#　…………　地盤

22	造園における平面図の描き方として、誤っているものはどれか。
	イ　主庭が南向きの場合は、南を上に描くことがある。
	ロ　平面図には、庭石までは表現しない。
	ハ　樹木の名前を書くとよい。
	ニ　樹高を書くとよい。
23	アリダードを構成する部材として、誤っているものはどれか。
	イ　縮尺定規
	ロ　視準板
	ハ　水準器
	ニ　下げ振り
24	都市公園法関係法令における公園施設とその種類の組合せとして、正しいものはどれか。
	（公園施設の種類）　　（公園施設）
	イ　便益施設　…………　門、柵
	ロ　修景施設　…………　飛石、噴水
	ハ　管理施設　…………　売店、手洗場
	ロ　休養施設　…………　温室、野外劇場
25	剪定作業の安全対策に関する記述として、誤っているものはどれか。
	イ　樹木の腐れ枝、弱い枝などを確認し、体重をかける部分は特に注意する。
	ロ　折りたたみ式の脚立を使用する場合、脚と水平面との角度が75°以下であれば、止め金具は止めないで使用してもよい。
	ハ　枝の切落しの際は、下の安全を確認する。
	ニ　脚立は、必ず水平に据えつけ、軟弱地の場合は、板などを敷き脚立の沈下を防ぐ。

🌀 A群（真偽法）の解答・解説

1　**ハ**　天龍寺庭園は**池泉回遊式庭園**である。

2　**イ**　それぞれ、次のとおりである。
　　イギリス式庭園：風景式庭園（自然風が美しいとされる）
　　フランス式庭園：平面幾何学式庭園（左右対称で人工的なもの）
　　スペイン式庭園：中庭式庭園（中庭にあるパティオが印象的なイスラム様式の庭園）
　　イタリア式庭園：露壇式庭園（丘上の建築物から見下ろすようにできた庭園）

3　**ハ**　**境栽花壇**は**ボーダー花壇**ともいい、建築物や構造物、小道に沿って帯状に作られる花壇のことである。一般に奥行きがない分、長さ（幅）があるので、草丈に変化をもたせて動きのある表現にする。手前に草丈の低い植物が、奥に行くにつれてだんだん草丈の高い植物が植えられている。

4　**イ**　それぞれ、次のとおりである。
　　こうがい板：地盤を均したり、つき固めたり、ラインを引いたりする道具
　　こやすけ：柄が付いたノミで、石を切る道具
　　くりばり：建仁寺垣など竹と竹の隙間が狭いときに縄通しとして使用する道具
　　つき棒：丸太や庭石などを土ぎめする際に土をつく道具

5　ニ　高枝剪定ばさみは、はしごなどにのらずに高所の剪定ができるメリットがあるが、**細かな作業には向かない**。徒長枝の枝を抜く用途に用いる程度である。

6　イ　施工計画は作業手順や工程、進捗管理や安全管理、環境管理の体制など、管理すべきすべての内容をまとめたものである。庭園完成後の管理者については施工計画では考慮しない。

7　イ　滝石組に限らず、大振りと小振りの石を組み合わせると自然な石の景になるため、**大中小の石を組み合わせる**とよい。滝は川の下流にある角の取れた石ではなく、上流にある角のある石で作成する。また、統一感のある景にするため、産地の違う石は用いないほうが馴染みがよい。

8　イ　水がたまると根腐れを起こすため、**芝地は必ず3%程度の水勾配**をとる。目地を通してしまうと雨で水道ができてしまい、目土が流れてしまう原因となる。さらに、夏場に行う目土は、高温多湿により芝の弱体化の原因となるため、薄くする。播種や植芝の場合も、施肥することにより、早く、ち密な芝地にすることができるため、ゆっくり長く効いて濃度障害の少ない緩効性肥料などを基肥とするとよい。

9　ロ　ケヤキに限らず、植物全般で深植えは根が呼吸できないため、行わない。根鉢を踏み固めると、根の周囲の土壌が踏み固められ、気相が少なくなり、土壌の物理的性質を悪くする。固い地盤では根の成長も緩慢になる。いずれにしても、植物根系への酸素の供給が減るため、深植えなどは行わない。また、クロマツなどは稀に真冬に土ぎめをすることもあるが、植物移植の際は**水ぎめ**を基本とする。

10　ニ　腐植とは、一般的に、植物や動物などが微生物により分解された状態をいう。土壌の団粒化促進などに関わることが知られており、心土より表層の表土が膨軟化する（ふかふかになる）。

11　ニ　**枝抜き剪定**とは**透かし剪定**のことで、**大透かし・中透かし・小透かし**と切る量の程度で分けている。一般に、樹幹を間引き、整えることと風通しなどが目的になる。

12　ロ　車道や歩道における歩行者の安全を確保するため、**車道側が高さ4.5m、歩道上が高さ2.5m**で建築限界が定められている。このため、街路樹はこの建築限界に枝を侵入させることはできない。

13　ロ　つりチェーンの安全係数は**5以上**である。

14　イ　1日の積み上げ高さの上限は**1.2m以下**とする。

15　ロ　経年劣化により夏場の乾燥時には大量の水分が蒸発するため、乾燥によるほこりの飛散がしやすくなる。

16　ニ　ネズミモチは**モクセイ科**である。モクセイ科の葉序（葉の付き方）は対生のものが多く、モチノキ科は互生のものが多い特徴がある。

17　ロ　それぞれ、次のとおりである。
万成石：花崗岩
六方石：玄武岩
甲州鞍馬石：閃緑片岩
筑波石：閃緑岩

18　イ　モチノキ科は雌雄異株のものが多い。

19　イ　ラクウショウは別名ヌマスギ（沼杉）とも呼ばれ、水辺など湿地に強い性質をもつ。気根と呼ばれるものが根から地上部に隆起することも多く、これは酸素不足を補うものと理解されている。

20 ロ　サルスベリ、キンモクセイ、キョウチクトウは当年の枝に花芽がつく。ウメは前年の枝に花芽がつく。

21 ニ　「#」記号は鉄線の番手（規格）を示す。#18、#20 などと表記し、#18 の鉄線は、支柱の結束などに用いられる。

22 ロ　景石（庭石）などの石組や蹲踞、石灯籠などの石材添景物も必ず平面図に表現する。

23 ニ　**アリダード**は**平板測量**（現場の平面的な地形や構造物などを直接、紙に図示していく測量）で用いる器具で、図面上の測点と現場の測点をひもづけ、実際の長さを縮尺により縮小して図面に落とし込むことができる機器である。

24 ロ　それぞれ、次のとおりである。
　　　便益施設：売店、駐車場、便所など
　　　修景施設：植栽、花壇、噴水、その他（灯籠、飛石、石組……）
　　　　　　　　　※修景的に景色を作る施設
　　　管理施設：門、さく、管理事務所など
　　　休養施設：休憩所、ベンチなど

25 ロ　労働安全衛生規則第 528 条に、脚立について記載がある。その一つに「脚と水平面との角度を七十五度以下とし、かつ、折りたたみ式のものにあっては、脚と水平面との角度を確実に保つための金具等を備えること」とある。当該金具は鎖チェーンが主流だったが、脚の角度を一定に固定できる鎖チェーンではない後付け金具をつけるよう通達が発出されている。

造園工事作業　1級　編

〈著者略歴〉

月 岡 真 人 （つきおか　まひと）

2007年　職業能力開発総合大学校卒業
現　在　東京都立多摩職業能力開発センター

技能検定 造園（造園工事作業）合格テキスト　1〜3級対応

2024年5月25日　　第1版第1刷発行

著　　者　月 岡 真 人
発 行 者　村 上 和 夫
発 行 所　株式会社 オーム社
　　　　　郵便番号　101-8460
　　　　　東京都千代田区神田錦町 3-1
　　　　　電話　03(3233)0641(代表)
　　　　　URL　https://www.ohmsha.co.jp/

© 月岡真人 2024

印刷・製本　精文堂印刷
ISBN978-4-274-23193-3　Printed in Japan

本書の感想募集　https://www.ohmsha.co.jp/kansou/
本書をお読みになった感想を上記サイトまでお寄せください。
お寄せいただいた方には、抽選でプレゼントを差し上げます。